生活垃圾焚烧设施环境风险评估与智慧管理

黄道建　杨文超　李世平　谢丹平　丁炎军　陈继鑫　王宇珊　等　著

中国环境出版集团 · 北京

图书在版编目（CIP）数据

生活垃圾焚烧设施环境风险评估与智慧管理 / 黄道建
等著 . —北京：中国环境出版集团，2023.11
　ISBN 978-7-5111-5698-3

　Ⅰ.①生…　Ⅱ.①黄…　Ⅲ.①生活废物—垃圾焚化—
基础设施—环境质量评价—风险评价—研究
Ⅳ.① X799.305

中国国家版本馆 CIP 数据核字（2023）第 232279 号

出 版 人　武德凯
责任编辑　宋慧敏
封面设计　岳　帅

出版发行　中国环境出版集团
　　　　　（100062　北京市东城区广渠门内大街 16 号）
　　　　　网　　　址：http：//www.cesp.com.cn
　　　　　电子邮箱：bjgl@cesp.com.cn
　　　　　联系电话：010-67112765（编辑管理部）
　　　　　发行热线：010-67125803，010-67113405（传真）
印　　刷　北京建宏印刷有限公司
经　　销　各地新华书店
版　　次　2023 年 11 月第 1 版
印　　次　2023 年 11 月第 1 次印刷
开　　本　787×960　1/16
印　　张　9.75
字　　数　155 千字
定　　价　39.00 元

中国环境出版集团郑重承诺：
中国环境出版集团合作的印刷单位、材料单位均具有中国环境标志产品认证。

前　言

　　长期以来，生活垃圾处理问题都是城市管理的痛点和难点。随着我国社会经济的快速发展、城市化进程的加快以及人民生活水平的不断提高，垃圾的产生量也越来越多，"垃圾围城""垃圾困村"的现象更是让人忧心如焚。

　　"垃圾是放错地方的资源。"近年来，我国生活垃圾焚烧发电行业的发展不仅解决了生活垃圾处理难题，还为我国电力增长贡献了力量。生活垃圾焚烧发电已成为我国垃圾处理的主流方式。

　　2018年12月，国务院办公厅印发《"无废城市"建设试点工作方案》。作为我国"无废城市"的重要实践形式，生活垃圾焚烧处理能够有效地减少生活垃圾对环境的影响，最大限度地实现生活垃圾的减量化和资源化。生活垃圾焚烧发电行业增强了我国城乡低碳循环绿色高质量发展的底色，成为"绿水青山就是金山银山"理念的践行者。然而，由于认识上的差异以及生活垃圾焚烧设施环境风险、健康风险评估等尚未得到群众的透彻了解，生活垃圾焚烧发电项目的建设往往容易遭到周边居民的反对，垃圾焚烧发电项目污染物排放、对周边环境的影响以及其所造成的环境风险及人群健康风险问题是人们关注的重点。本书基于团队多年来对珠江三角洲等地的生活垃圾焚烧发电厂及其周边环境的跟踪研究成果，从环境风险及人群健康风险评估、风险管控策略、智慧管理技术应用等方面，系统研究了生活垃圾焚烧设施存在的环境风险及对周边环境的影响，初步构建了垃圾焚烧处理设施智慧管理方案，针对防范化解邻避效应提出相关建议，具有较高的科普意义。

本书共分6章，其中第1章由陈继鑫、李世平、丁炎军负责撰写，第2章由杨文超、王宇珊、李世平、陈继鑫、黄道建负责撰写，第3章由丁炎军、李世平、陈继鑫、黄道建负责撰写，第4章由李世平、杨文超、黄道建负责撰写，第5章由黄道建、杨文超、谢丹平负责撰写，第6章由黄道建、杨文超负责撰写。全书由黄道建、杨文超统稿。书中相关案例的监测工作由生态环境部华南环境科学研究所华南生态环境监测分析中心承担，其中监测数据整理由陈晓燕、杨艳艳、范芳、蒋炜玮负责，现场采样工作由陶日铸、王旭光、郑毅云等负责，检测分析工作由张素坤、青宪、曹桐辉、杨思仁、陈爽燕、黄坤波、胡秀峰等负责。在本书撰写过程中，得到了生态环境部华南环境科学研究所的支持，也得到了不少相关研究领域的前辈和同行的指导，同时得到了光大环保、广州环投、绿色动力、康恒环境等垃圾焚烧处置单位给予的支持，在此一并表示衷心感谢。

著者

2023 年 11 月

目 录

第 1 章

生活垃圾焚烧设施概况

1.1　生活垃圾焚烧处理

1.1.1　生活垃圾现状

生活垃圾是指人们在日常生活中或者为日常生活提供服务的活动中产生的固体废物，以及法律、法规、规定视为生活垃圾的固体废物。主要包括居民生活垃圾、集市贸易与商业垃圾、公共场所垃圾、街道清扫垃圾及企事业单位垃圾等。生活垃圾一般可分为四大类：可回收垃圾、餐厨垃圾、有害垃圾和其他垃圾。

随着我国社会经济的快速发展、城市化进程的加快以及人民生活水平的不断提高，城市生产与生活过程中产生的垃圾量也迅速增加，生活垃圾占用土地、污染环境的状况以及对人们健康的影响也越加明显。2010—2022 年，根据国家统计局数据，我国城市生活垃圾产生量以 4%～8% 的速率逐年增长，2022 年我国城市生活垃圾清运量达 25 928 万 t，较 2021 年增长 4.2%（见图 1-1）；同时，我国城市生活垃圾累计堆存量已达 70 多亿 t，占地 80 多万亩（1 亩 =1/15 hm²）。

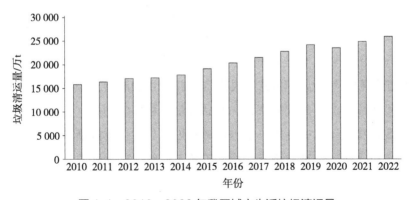

图 1-1　2010—2022 年我国城市生活垃圾清运量

城市生活垃圾的危害已经日趋严重，城市生活垃圾的处理问题成为重中之重，目前常用的垃圾处理方法主要有综合利用、卫生填埋、焚烧处理和堆肥处理等。①综合利用是采用人工或机械分选方式将生活垃圾中可利用物质（如生活垃圾中的废纸张、废金属、废塑料等）回收利用。②卫生填埋是大量消纳城市生活垃圾的有效方法，也是所有垃圾处理工艺剩余物的最终处理方法。垃圾在填埋场发生生物变化、物理变化、化学变化，有机物被分解，达到减量化和无害化的目的。③焚烧处理是通过适当的热分解、燃烧、熔融等反应，使垃圾经过高温下的氧化而减容，成为残渣或者熔融固体物质的过程。④堆肥处理将生活垃圾堆积成堆，保温至 55～70℃储存、发酵，借助垃圾中微生物的分解能力，将有机物分解成无机养分。经过堆肥处理后，生活垃圾变成卫生的、无味的腐殖质，既解决垃圾的出路，又可达到再资源化的目的。⑤除上述主要的处理方式外，还有一些其他的处理方式，如厌氧消化、生物干化、热解、气化等，这些方式都是利用垃圾中的有机质或可燃物进行转化，产生沼气、生物炭、合成气等可利用的产品。这些方式具有一定的技术优势和环境效益，但也面临着技术成熟度低、经济效益差、市场认可度低等问题。目前，这些方式在我国还处于试验或示范阶段，尚未形成规模化应用。

卫生填埋是一种成本较低、技术较成熟、适应性较强的处理方式，但也存在占地面积大、渗滤液和沼气污染风险高、资源化利用率低等问题；焚烧处理是一种减量化、资源化和无害化相结合的处理方式，具有占地面积小、处理效率高、可回收能源等优点，但也存在投资成本高、运行费用高、二次污染风险高等问题；堆肥处理是一种利用垃圾中的有机质进行生物降解，产生有机肥料和沼气的处理方式，具有资源化利用和改善土壤结构等优点，但也存在投入成本高、处理效率低、产品质量不稳定等问题。目前，焚烧处理方式在我国得到了快速发展，卫生填埋和堆肥处理比重逐渐下降。随着技术进步和政策支持，垃圾焚烧发电技术正趋于成熟，已逐渐成为我国垃圾处理处置的主要方式。

1.1.2 生活垃圾焚烧发电原理

焚烧是一种高温热处理技术，即以一定量的过剩空气与被处理的有机废物在焚烧炉内进行氧化燃烧反应，废物中的有害有毒物质在 800～1 200℃ 的高温下氧化、热解而被破坏，该技术是一种可同时实现废物无害化、减量化、资源化的处理技术。焚烧的目的是尽可能焚毁废物，使被焚烧的物质变为无害且最大限度地减容，并尽可能减少新的污染物质产生，避免造成二次污染。对于大中型的垃圾焚烧厂，能同时实现使废物减量、彻底焚毁废物中的毒性物质以及回收利用焚烧产生的废热这 3 个目的。垃圾的焚烧发电是运用净化除尘设备，将垃圾焚烧产出的高温气体净化并且回收部分热量，产生大量的热蒸汽，通过热蒸汽发电机将热能转化为电能的过程。

1.1.3　生活垃圾焚烧影响因素

影响垃圾焚烧的因素有生活垃圾预处理、停留时间、炉温、湍流、过剩空气系数。

1.1.3.1　生活垃圾预处理

炉排对垃圾进入炉前的粒度要求不高，不需要筛选、破碎等预处理，只需在储坑内自然沉降、压缩脱水、部分发酵。一般储存 4～6 d，但储存时间可适当延长或缩短。

1.1.3.2　停留时间

垃圾在炉内的停留时间必须大于垃圾干燥时间和垃圾燃烧时间之和。垃圾炉内停留时间是否足够的评估指标是炉渣的热燃烧率，该指标是确定焚烧炉是否正常燃烧的有力依据。同时，定期测量热燃烧率也可以测试焚烧炉的异常和老化程度。实践表明，烟气在 850℃ 左右的炉内停留 2 s，或在 1 000℃ 左右的炉内停留 1 s，或在 1 200℃ 左右的炉内停留几毫秒，二次污染物二噁英可完全分解。根据烟气污染物控制要求，受垃圾能量限制，国内垃圾焚烧炉采用中温燃烧，确保烟气在 850℃ 以上停留 2 s。简言之，停留时间对垃圾焚烧程度至关重要。只有合理调整炉内垃圾的停留时间和炉内烟气的停留时间，才能减少二次污染物的产生，使垃圾稳定燃烧。

1.1.3.3　炉温

焚烧炉的形状和体积是通过计算和模拟烟气的温度分布来设计的。炉内温度分布不均匀。离垃圾燃烧层火焰区域越近,温度越高。由于生活垃圾焚烧产生的二噁英的分解温度必须在 850℃ 以上,一般来说,焚烧温度是垃圾焚烧产生的烟气在一燃室中上部的温度,必须高于 850℃。如果低于 850℃,辅助燃烧器将自动投入运行。垃圾焚烧过程中会产生大量 HCl、NO_x、SO_x 等腐蚀性酸性气体,对布置在水平烟道的过热器等设备产生高温腐蚀。根据制造过热器等设备的材料耐腐蚀性,应严格控制水平烟道的入口烟气温度,防止高温腐蚀。

1.1.3.4　湍流

垃圾焚烧过程中的传质传热与湍流密切相关。湍流越大,垃圾燃烧所需的 O_2 就越充足,燃烧反应就越完整。增加湍流可以削弱炉内的还原气氛,减少飞灰中的 C 和 CO 含量,充分氧化和燃烧各种垃圾成分产生的有机气体,抑制二噁英的再合成,减少二次污染。

1.1.3.5　过剩空气系数

由于垃圾成分复杂多变,过剩空气系数对垃圾燃烧条件影响较大。过剩空气系数过小,垃圾燃烧不足,造成大量二次污染,增加烟气净化负担,容易造成二次燃烧;过剩空气系数过大,炉温降低,传热性能差,排烟温度升高,热效率降低,一次性风机、引风机输出增加,电厂能耗增加。此外,过剩空气系数影响炉负压,调整时应注意保持燃烧室负压。在实际操作中,应控制过剩空气系数,合理配风。

1.2　我国生活垃圾焚烧发电行业发展现状

随着城市化进程的加速和人民生活水平的提高,我国城市生活垃圾产生量逐年上升,垃圾处理成为城市发展的重要问题。20 世纪 80 年代,我国开始引进垃圾焚烧处理技术，之后在政策和环保需求增加的推动下，经过不断的技术更新、管理体系完善，垃圾焚烧发电作为一种环保、高效的垃圾处理方式，逐渐成为我国最普遍、最有效的垃圾处理方式。近年来，我国垃圾焚烧发电行业的规模不断扩大。根据全国排污许可证管理信息平台等的相关数据，截至 2022 年，我国有生活垃圾焚烧发电企业 930 家（焚烧炉数量为 2 046 台），焚烧处理能力约 104.53 万 t/d，装机规模为 2.3 万 MW，处理能力利用率约 60%。2022 年全国生活垃圾焚烧发电企业数量较 2018 年增长 1.74 倍，焚烧处理能力增长 1.36 倍，发电装机规模增长 1.51 倍。同时，随着技术的不断进步和设备的升级换代，垃圾焚烧发电的效率也不断提高，进一步推动了行业的发展。

1.3　生活垃圾焚烧设施焚烧炉类型

焚烧炉是生活垃圾焚烧发电厂极其重要的核心设备，决定着整个垃圾焚烧发电厂的工艺路线与工程造价。经过 100 多年的发展，借助新技术手段，垃圾焚烧技术得到不断完善。虽然垃圾焚烧炉是在煤炉的基础上演变而成的，但由于垃圾成分复杂以及热值变化较大，垃圾的燃烧系统及垃圾焚烧炉的炉体结构也有很大的变化。垃圾的主要特性是水分高、灰分高、热值低、物理成分复杂、含有腐败性有机物及有害物质。焚烧炉的设计必须充分考虑垃圾在炉内的停留时间、燃烧温度、烟气在炉内的停留时间及湍流，从而实现完全燃烧、控制恶臭及抑制二噁英的产生。目前，国内常用的焚烧炉炉型按焚烧方式可分为机械炉排焚烧炉、流化床焚烧炉、热解气化焚烧炉和回转窑式焚烧炉。

机械炉排焚烧炉原理：垃圾进入进料斗，进料斗倾斜、将垃圾排入下方的炉排；通过大量的氧气助燃，采用燃油作为辅助燃料，炉排此时进行机械运动，使垃圾进行充分的混合和搅拌，最终使垃圾充分燃烧、最后燃烬。炉排有斜推式、平推式、滚筒式以及逆推式，炉排炉焚烧技术的处理能力可以达 1 200 t/（台·d），炉排炉是当前日处理能力最大的焚烧炉型。

流化床焚烧炉原理：炉体由多孔分布板组成，在炉膛内加入大量的石英砂，将石英砂加热到600℃以上，并在炉底鼓入200℃以上的热风，使热砂沸腾，再投入垃圾。垃圾同热砂一起沸腾，垃圾很快被干燥、着火、燃烧。未燃尽的垃圾比重较轻，继续沸腾燃烧，燃尽的垃圾比重较大，落到炉底。经过水冷后，用分选设备将粗渣、细渣送到厂外，通过提升设备将少量的中等炉渣和石英砂送回炉中以继续使用。

热解气化焚烧炉原理：热解气化焚烧炉的使用条件是隔绝空气，垃圾内的有机物质得到充分分解，运用NaOH碱液净化热蒸气。该方法比其他两种焚烧炉先进，炉的结构也非常简单，设备的费用比炉排炉的费用少将近50%，缺点是热解炉的处理能力比较小［低于150 t/（台·d）］，且燃烧后的废渣含碳量很高，对生活垃圾日产量高的城市不适用，所以应用不是很广泛。

回转窑式焚烧炉原理：回转窑式焚烧炉是用冷却水管或耐火材料沿炉体排列，炉体水平放置并略为倾斜。通过炉身的不停运转，使炉体内的垃圾充分燃烧，同时向炉体倾斜的方向移动，直至燃尽并排出炉体。

现阶段常用的炉排炉类型运行可靠度较高，燃烬度好，适用于大处理量、高热值的垃圾焚烧，是发达国家大多采用的炉型，在国际上约占有80%的市场份额。建设部、国家环境保护总局、科学技术部于2000年发布的《城市生活垃圾处理及污染防治技术政策》指出："垃圾焚烧目前宜采用以炉排炉为基础的成熟技术，审慎采用其它炉型的焚烧炉。"机械炉排焚烧炉是目前国内垃圾焚烧行业中较为先进的设备，技术较为成熟。

1.4 生活垃圾焚烧相关排放标准

垃圾焚烧作为实现垃圾减量化最有效的处理方法，具有占地少、处理速度快、减量效果好等特点，但是在生活垃圾焚烧处置过程中，也同样伴随一定的环境污染影响，比如垃圾储存过程中的渗滤液污染影响、恶臭污染影响，垃圾焚烧过程中的烟气污染影响、飞灰污染影响，以及垃圾填埋过程中的固体废物污染影响等。针对生活垃圾焚烧过程中的环境污染问题，国际、国内都出台了一系列的限值标准，控制污染物的排放。目前针对垃圾焚烧发电厂制定的污染物排放标准主要是焚烧炉大气污染物排放限值标准，废水一般执行回用标准或者水污染物排放标准，渗滤液、飞灰等一般执行填埋场相关标准等。下文重点列举了垃圾焚烧发电厂的焚烧炉大气污染物排放限值标准。

1.4.1　国际标准

1.4.1.1　欧盟

欧盟垃圾焚烧发电起步时间相对较早，很早就针对垃圾焚烧处理制定了一系列标准以减少焚烧垃圾对环境和人类健康的危害，早在 1989 年制定的 89/429/EEC 指令中就包括了垃圾焚烧的排放标准和管理要求。目前欧盟执行的垃圾焚烧炉大气排放标准为 2000/76/EC 指令，具体排放标准见表 1-1。

表 1-1　欧盟垃圾焚烧污染物排放标准　　　　单位：mg/m³

污染物	限值	取值时间
颗粒物	30	0.5 h 均值
	10	24 h 均值
总有机碳	20	0.5 h 均值
	10	24 h 均值
HCl	60	0.5 h 均值
	10	24 h 均值
HF	4	0.5 h 均值
	1	24 h 均值
二氧化硫	200	0.5 h 均值
	50	24 h 均值
氮氧化物	400	0.5 h 均值
	200	24 h 均值
一氧化碳	150	0.5 h 均值
	50	24 h 均值

续表

污染物	限值	取值时间
汞及其化合物	0.05	测定均值
镉、铊及其化合物	0.05	测定均值
锑、砷、铅、铬、钴、铜、锰、镍及其化合物	0.5	测定均值
二噁英类 / （ngTEQ/m³）	0.1	测定均值

1.4.1.2 美国

20 世纪初，美国许多城市相继兴建城市垃圾焚烧厂。第二次世界大战后，随着经济的复兴，城市垃圾产量迅速增加，垃圾焚烧也因此得到了飞速增长。随着垃圾焚烧厂的增加，人们开始意识到焚烧炉的尾气和污水排放对环境的影响，公众和政府开始采取行动。1970 年发布的《清洁空气法》（Clean Air Act，CAA）对已有的焚烧设施设置了新的标准。1995 年，美国环境保护局（United States Environmental Protection Agency，USEPA）要求城市垃圾焚烧炉在 1990 年的水平上减少 90% 的有毒物质排放，并首次针对 92 座焚烧厂进行大气污染监管。目前美国环境保护局针对不同类型的垃圾焚烧设备制定了不同的排放标准，具体见表 1-2。

表 1-2　美国垃圾焚烧污染物排放标准　　　　单位：mg/m³

污染物	焚烧设备种类			
	大型（≥250 t/d）	小型（35～250 t/d）	商业和工业固体废物焚烧炉	其他类型焚烧炉
二噁英类 /（ngTEQ/m³）	—	—	—	0.41
镉	0.01	0.02	0.018	0.004
铅	0.14	0.2	0.226	0.04
汞	0.05	0.08	0.074	0.47
颗粒物	20	24	—	70
HCl	40.7	40.7	21	101

污染物	焚烧设备种类			
	大型（≥250 t/d）	小型（35～250 t/d）	商业和工业固体废物焚烧炉	其他类型焚烧炉
二氧化硫	85.7	85.7	8.5	57.1
氮氧化物	370	308	211	797
一氧化碳	—	67	40	210

1.4.2 国内标准

我国垃圾焚烧发电行业起步较晚，但近年来随着城市垃圾产生量逐年增加，垃圾焚烧发电厂的数量也在逐年增加。我国针对垃圾焚烧发电行业的监管出台了一系列的政策法规，也根据我国国情制定了垃圾焚烧污染物排放标准，现行有效国家标准为《生活垃圾焚烧污染控制标准》（GB 18485—2014）及其修改单。同时，由于我国各地对生活垃圾的要求不同，上海、广东深圳、海南、福建、河北等地制定了严于国家标准的地方标准。具体情况见表 1-3。

表 1-3 国内生活垃圾焚烧污染物排放标准

序号	污染物	单位	国家标准①	上海②	广东深圳③	海南④	福建⑤	河北⑥	取值时间
1	颗粒物	mg/m³	30	10	10	10		10	1 h 均值
			20	10	8	8		8	24 h 均值
2	氮氧化物	mg/m³	300	250	80	150	120	10	1 h 均值
			250	200	80	120	100	120	24 h 均值
3	二氧化硫	mg/m³	100	100	30	30		40	1 h 均值
			80	50	30	20		20	24 h 均值
4	氯化氢	mg/m³	60	50	8	10		20	1 h 均值
			50	10	8	8		10	24 h 均值
5	一氧化碳	mg/m³	100	100	50	30		100	1 h 均值
			80	50	30	20		80	24 h 均值

续表

序号	污染物	单位	国家标准①	上海②	广东深圳③	海南④	福建⑤	河北⑥	取值时间
6	总有机碳	mg/m³			10	20			1 h 均值
					10	10			24 h 均值
7	氟化氢	mg/m³			2	2			1 h 均值
					1	1			24 h 均值
8	汞及其化合物	mg/m³	0.05	0.05	0.02	0.02		0.02	测定均值
9	镉、铊及其化合物	mg/m³	0.1	0.05	0.04			0.03	测定均值
10	锑、砷、铅、铬、钴、铜、锰、镍及其化合物	mg/m³	1.0	0.5	0.3	0.3		0.3	测定均值
11	二噁英类	ngTEQ/m³	0.1	0.1	0.05	0.05		0.1	测定均值
12	氨	mg/m³						8	1 h 均值

注：①《生活垃圾焚烧污染控制标准》（GB 18485—2014）及其修改单；②《生活垃圾焚烧大气污染物排放标准》（DB31/ 768—2013）及其修改单；③《生活垃圾处理设施运营规范》（SZDB/Z 233—2017）；④《生活垃圾焚烧污染控制标准》（DB46/484—2019）；⑤《生活垃圾焚烧氮氧化物排放标准》（DB35/1976—2021）；⑥《生活垃圾焚烧大气污染控制标准》（DB13/5325—2021）。

第 2 章

生活垃圾焚烧设施的
环境风险评估

2.1　环境风险概述

环境风险是企业生产活动对自然环境、生态系统和人类社会造成潜在威胁的因素，主要包括以下几个方面。

气候变化：气候变化是当今严重的环境风险之一，导致极端天气事件（如洪灾、干旱、飓风和热浪）的增加，对生态系统、农业、水资源和人类社会造成严重影响。

水资源短缺：由于全球人口的增加和水资源的过度利用，许多地区正面临水资源短缺的问题，可能导致干旱、粮食短缺和社会不稳定。

生物多样性丧失：人类活动对自然生态系统造成了巨大压力，导致大量物种灭绝和生物多样性丧失。生物多样性是维持生态平衡和人类福祉的关键，因此生物多样性的丧失将对生态系统功能和可持续发展带来严重风险。

土地退化和森林砍伐：过度的土地利用、森林砍伐和土壤退化破坏了土地的生产力和生态系统的稳定性，导致农业产能下降、土地干旱化和生态环境恶化。

环境污染：环境污染对人类健康和生态系统带来严重风险。工业排放、废弃物处理不当和化学品滥用都对环境质量产生负面影响，导致环境空气、水、土壤和地下水等的污染。

这些环境风险在许多方面对人类社会和生态系统造成威胁，包括健康、食品安全、经济发展和社会稳定等方面。因此，采取积极的环境保护措施和实践可持续发展成为应对环境风险的关键。

企业的经营活动可能对环境产生负面影响，主要指污染排放、资源消耗、生态系统破坏、环境事故、法律和合规风险。

污染排放：企业的生产过程可能产生废水、废气和固体废物的排放，其中可能含有有毒有害的污染物。这些排放物可能对水体、大气和土壤产生污染，危害生态系统和人类健康。

资源消耗：企业对自然资源（如能源、水资源和原材料）的过度利用可能导致资源的枯竭和不可持续使用。这对企业的供应链和生产能力造成威胁，并可能引发资源短缺和价格波动。

生态系统破坏：企业的活动（如森林砍伐、围湖造田、围海造田和土地开发等）可能导致生态系统的破坏，带来生物多样性的丧失、生态平衡的破坏以及其他生态系统功能的恶化。

环境事故：企业的运营中可能发生意外事故，如化学品泄漏、爆炸或火灾。这些事故可能对环境和周围社区造成污染、危害和健康风险。

法律和合规风险：企业必须遵守环境法律法规和标准，如排放限值、废物处理规定等。违反法律法规可能导致罚款、法律诉讼和声誉损害，对企业的运营和财务状况带来负面影响。

为了管理和减轻企业环境风险，企业需要采取一系列措施，如实施环境管理体系、减少污染和废弃物产生、推动资源节约和循环利用，并积极参与可持续发展实践。从而既可以降低环境风险，也可为企业实现可持续发展和得到社会认可做出贡献。

2.2 环境风险评估的基本概念和原理

环境风险评估是一种系统性的方法，用于识别、评估和管理企业环境风险，便于采取适当的措施来降低风险。

环境风险评估的基本概念和原理包括辨识环境风险、评估风险概率与影响、评估风险的严重性、制定应对措施以及监测和复查。

首先，辨识环境风险涉及识别可能对环境产生负面影响的因素和活动，可能包括企业的生产过程、废物排放、资源利用、土地使用等。通过识别潜在风险源，可以更好地理解风险的来源和影响程度。

其次，评估风险概率与影响需要评估风险的发生概率以及对环境的影响程度。可以通过收集和分析相关数据、进行实地调查和监测来完成。评估方法包括定量方法（如数学模型和统计分析）和定性方法（如专家判断和经验评估）。

再次，评估风险的严重性涉及考虑风险的严重程度，即潜在损害的程度和范围。可能涉及生态系统的健康、物种的生存、人类健康和社会经济影响等方面。

又次，制定应对措施是根据环境风险评估的结果，制定适当的措施来管理和降低风险水平。可能包括采取预防措施、改进生产过程、减少排放、提高资源效率、实施监测和监控等。

最后，监测和复查是环境风险评估的一部分，有助于确保风险评估的准确性和有效性，并在必要时及时调整应对策略。

环境风险评估的目标是为企业提供决策支持，帮助企业、政府和其他利益相关者了解和管理环境风险，保护环境和可持续发展。这是一个综合的过程，需要综合考虑科学、技术、法律、经济和社会等因素。通过环境风险评估，可以促进可持续发展，降低环境风险对生态系统和人类社会的威胁。

2.3　生活垃圾焚烧设施环境污染风险及其评估方法

2.3.1　大气环境污染风险

生活垃圾处置过程产生的大气环境污染风险主要来源于生活垃圾焚烧过程中产生的烟气、垃圾卸料储存过程中产生的废气、污水处理过程中产生的废气、氨水储存过程中产生的废气等。具体如下。

一氧化碳（CO）和氮氧化物（NO_x）：焚烧过程中，不完全燃烧和高温条件会导致一氧化碳和氮氧化物的生成。这些物质对空气质量产生负面影响，可引发呼吸道疾病、光化学烟雾和酸雨等问题。

重金属和有毒物质：生活垃圾中含有重金属和有毒物质，如铅、汞、镉，且在焚烧过程中产生二噁英等。焚烧过程中，这些物质可能被释放到大气中，并进入生态系统和食物链，对生物和人类健康构成潜在威胁。

气味物质：垃圾中的有机物在堆放和分解过程中会产生气味物质，如硫化氢（H_2S）、氨（NH_3）、甲硫醇（CH_3SH）和乙硫醇（C_2H_6S）。这些物质带来刺激性气味，对周围环境和居民的生活质量产生负面影响。

挥发性有机化合物：垃圾中的有机物在分解过程中可能产生一些挥发性有机化合物，如苯、甲醛和醋酸等。这些物质对空气质量产生负面影响，可能与氮氧化物反应生成臭氧和细颗粒物。

2.3.2 水环境污染风险

生活垃圾焚烧设施可能对水环境产生污染风险。尽管焚烧过程主要涉及固体垃圾的处理，但废气处理和灰渣处理过程中产生的废液可能对水环境造成一定的影响。

废水：生活垃圾储存过程中会产生渗滤液，生产区域和垃圾运输通道产生冲洗废水，焚烧设施中的湿式废气处理系统中产生废水，化验室等产生废水等。这些废水可能含有重金属、有机物和其他污染物。如果不适当处理，废水可能流入附近的水体，对水质和水生生物造成不利影响。

炉渣：焚烧过程中，产生的炉渣经过处理后可用作建筑材料。当处理后的炉渣暴露在降雨中时，渗滤液可能含有有害物质（如重金属和其他化学物质），这些物质通过渗滤作用进入地下水层或附近的水体。

飞灰：焚烧设施还会产生飞灰，对飞灰需进行安全处置。如果处理不当或不符合规范，这些残渣可能释放有害物质到土壤和水体中，导致水环境污染。

2.3.3 地下水环境污染风险

在生活垃圾焚烧设施正常运行和管理的情况下，地下水环境污染风险通常较低。然而，仍存在一些潜在的污染风险，特别是在生活垃圾焚烧设施的废水处理、固体废物处理过程中。

废水处理：需对焚烧设施中的排放废水进行适当的处理，以去除其中的污染物。如果废水处理设施不完善或操作不当，废水中的污染物可能渗入地下水中，对地下水环境质量造成潜在风险。

渗滤液和灰渣：焚烧过程中产生的渗滤液和灰渣需要得到适当的处理和

处置。如果处理措施不当，渗滤液和灰渣可能释放有害物质，这些物质有可能通过渗滤作用或径流进入地下水层。

固体废物堆放场管理：如果废物和废料的堆放场管理不当，可能导致废物中的有害物质通过渗滤液渗入地下水。因此，正确的堆放场所防渗措施是关键，并应建立防渗层和收集系统以防止有害物质渗漏。

燃料泄漏和化学品储存：焚烧设施的辅助燃料和化学品储存设施如果发生泄漏或管理不善，可能导致有害化学物质渗入地下水层。

2.3.4　土壤和生态环境污染风险

生活垃圾焚烧设施在合规运营和管理的情况下，对土壤和生态环境的污染风险通常较低。然而，焚烧设施的固体废物处置、废气排放和噪声等环节仍存在一些潜在的污染风险。

固体废物处置：焚烧过程中产生的炉渣和飞灰需要得到适当的管理和处理。如果炉渣和飞灰处理措施不当（如管理不善或缺乏防渗层），炉渣和飞灰中的有害物质可能通过渗滤作用进入土壤，对土壤质量造成潜在风险。

废气排放：焚烧设施通过废气排放烟囱将烟气排放到大气中。尽管焚烧设施会采取净化和过滤措施来减少污染物排放，但仍有可能因负荷高、设备运行不正常或维护不及时，存在一些气态污染物的异常排放情况，造成沉降在周边土壤中的重金属、二噁英浓度高，影响周边土壤环境质量。

噪声和振动：焚烧设施的运营可能产生噪声和振动，对周围生态环境、野生动植物和人类健康造成影响。

2.3.5　评估方法

生活垃圾焚烧设施在运营过程中会产生大气、水、地下水、土壤和生态环境污染风险。常用生活垃圾焚烧设施环境污染风险评估方法见下。

污染物排放监测：通过采样和分析焚烧设施排放的废气，检测其中各种污染物的浓度和排放量。污染物包括但不限于二氧化硫、氮氧化物、颗粒物、重金属、二噁英等。可以提供焚烧设施排放物浓度及其对大气环境的潜在影响程度的数据。

环境建模：使用空气质量模型对焚烧设施排放物传输和扩散进行建模分析，评估其对周围地区空气质量和土壤质量的影响。采用地下水溶质运移解析法、地下水水流模型或地下水水质模型，对非正常工况下焚烧设施排放物传输和扩散进行建模分析，评估其对地下水环境质量的影响。这些模型可以考虑排放源的特性、气象条件以及地形和地理因素，以预测排放物浓度分布和影响范围。

风险评估：综合考虑焚烧设施排放物的性质、浓度、排放量和接受环境的敏感性，进行定量或半定量的风险评估。可以用于评估排放物对人体健康和生态系统的潜在风险，并为决策者提供风险管理和控制的依据。

监测和监控：建立监测制度，对焚烧设施的排放进行实时或定期监测，以及环境地点的大气污染物浓度的监测。监测数据用于评估排放符合排放法律法规和标准的程度，并及时采取必要的控制措施来保护环境。

2.4 生活垃圾焚烧设施周边环境健康风险及其评估方法

健康风险评估是将生活垃圾焚烧设施对周边环境的污染与人体健康联系起来的评估方法。健康风险评估通过估算生活垃圾焚烧设施中有害因子对人体发生不良影响的概率来评估暴露于该因子的人体的健康所受影响。健康风险评估通常包括四方面内容：①危害识别，即确定生活垃圾焚烧设施所排放的污染物中具有毒性、致病、致癌、致畸、影响生殖发育、造成遗传损伤等危害的污染因子。②剂量－反应评估，即描述在某一化学物质一定的暴露剂量与暴露条件下，不良健康效应产生的可能性与严重程度。③暴露评估，即在确定环境有害因子的来源、排放量、排放方式、途径和迁移转化规律，并确定暴露人群、暴露途径、暴露时间和频率等特征的基础上，选择合适的估算模型，进行暴露量的估算。④风险表征，即综合上述3个步骤的结果，定性和定量地描述暴露在生活垃圾焚烧设施污染排放下的健康风险。

2.4.1　危害识别

生活垃圾焚烧过程中不可避免会产生污染物，产生的污染物主要包括颗粒物（PM_{10}、$PM_{2.5}$）、氮氧化物（NO_x）、二氧化硫（SO_2）、重金属（Cd、Cr、Pb 及其化合物）和二噁英（PCDD/Fs）等。根据相关的毒理学数据，将 NO_x、SO_2 和 Pb 划为非致癌污染物，将 Cd、Cr 和 PCDD/Fs 划为致癌污染物。

2.4.2　剂量－反应评估

根据美国环境保护局推荐的人体暴露健康风险评估相关参数，生活垃圾焚烧设施涉及的主要污染物的毒性参数见表 2-1。

表 2-1　污染物毒性参数

非致癌污染物	RfD/［mg/（kg·d）］	致癌污染物	SF/［mg/（kg·d）］$^{-1}$
NO_x	0.029	Cd	6.3
SO_2	0.023	Cr	42
Pb	3.5×10^{-3}	PCDD/Fs	1.5×10^5

RfD（reference dose，参考剂量）为单位时间内单位体重摄取的不会引起人体不良反应的污染物参考剂量。参考剂量是指人群（包括敏感亚群）在终生接触某剂量水平化学物质的条件下，预期发生非致癌或非致突变有害效应的危险度可低至不能检出的程度。

RfD 是通过应用数量级不确定性因子（UF）从无可见不良作用水平（NOAEL）、最低可见不良作用水平（LOAEL）或基于生物学效应极限剂量下界（BMDL）得出的口服剂量或皮肤接触剂量。这些不确定性因子考虑了测试动物和人体之间可能存在的变异性和不确定性（一般为 10 倍或 10x 倍），以及人群内部的变异性（一般再乘 10 倍）。

RfD 用于在风险评估中确定可接受的口服剂量或皮肤剂量，以在一生中每天的长期暴露或慢性暴露下最大限度地保护人体健康。通过应用不确定性因子，RfD 考虑了剂量－反应曲线的不确定性、动物与人体的相关性以及人群内个体的差异。RfD 的计算是一个保守估计的过程，旨在确保在接触到特定危险物质时保护公众的健康。

SF（slope factor，斜率因子）表示人体暴露于一定剂量的某种污染物时产生致癌效应的最大概率。

这种评估方法使用了线性剂量－反应模型，假设癌症发展的风险与剂量成线性关系，即使在极低剂量下，仍存在微小但有限的癌症风险。绘制直线是为了基于已观察到的数据外推出零剂量水平。这条直线的斜率被称为斜率因子或癌症斜率因子，用于估计沿着该线的某暴露水平下的风险。当使用线性剂量－反应模型评估癌症风险时，美国环境保护局通过考虑个体的暴露程度与斜率因子之间的比较，计算由暴露于污染物而导致的额外终生致癌风险（即个体终生患癌症的可能性）。

斜率因子表征了每单位剂量增加所引起的额外癌症风险。通过将这个斜率因子与个体的实际暴露水平相乘，可以估计出暴露于某个特定化学物质的个体患癌症的风险。

2.4.3 暴露评估

暴露评估是测量或估计人群接触环境中某种物质的程度、频率和持续时间的过程，或估计尚未释放的物质的未来暴露量的过程。

量化暴露有 3 种基本方法。每种方法基于不同的数据，并且具有不同的优势和劣势；结合使用这些方法可以极大地增加暴露风险评估的可信度。

接触点测量：暴露可以在接触点（身体的外边界）进行测量，测量暴露浓度和接触时间，然后将其积分。

情景评估：可以分别评估暴露浓度和接触时间，然后结合这些信息来估计暴露。

重建：暴露可以从剂量估计，而剂量可以在暴露发生后通过内部指标（生物标志物、身体负荷、排泄水平等）重建。

生活垃圾焚烧设施周边人群的暴露通常来说主要是呼吸暴露、皮肤接触暴露等。

2.4.4　风险表征

当前我国普遍采用美国环境保护局推荐的可接受风险，即对于致癌效应，采用致癌风险表征。如果某污染物的终生致癌风险小于 10^{-6}，则认为其引起癌症的风险较低；如果某污染物的终生致癌风险介于 $10^{-6} \sim 10^{-4}$，则认为其有可能引起癌症；如果某污染物的终生致癌风险大于 10^{-4}，则认为其引起癌症的风险较高。对于非致癌效应，采用危害商表征；危害商参考值一般取 1，高于 1 就认为是存在风险的，低于 1 就认为风险是可接受的。

2.5　生活垃圾焚烧设施环境风险评估案例

2.5.1　珠江三角洲垃圾焚烧厂烟气污染物呼吸暴露风险研究

随着广东省人口的增长和人民生活水平的提高，生活垃圾产生量与处理能力相对不足的矛盾日益突出，已成为广东省社会经济发展进程中迫切需要解决的问题。政府十分重视城市生活垃圾的处理问题，并积极推动和大力扶持各类垃圾无害化处理工程的建设和运营。如今，生活垃圾处理技术日趋成熟，生活垃圾处理方式从过去的以简易填埋为主逐步转向以卫生填埋、焚烧为主，生物处理等多种技术协同处理的格局。与传统填埋方式相比，生活垃圾焚烧处理方式具有改善环境、实现资源再利用、节约土地、经济效益显著和易于市场化运作等优点，在珠江三角洲地区中心地带得到较好的应用。然而，垃圾焚烧过程中不可避免会产生污染物，如颗粒物（PM_{10}、$PM_{2.5}$）、氮氧化物（NO_x）、二氧化硫（SO_2）、氯化氢（HCl）、重金属（Cd、Cr、Pb 及其化合物）和二噁英（PCDD/Fs）等，可能对周边空气环境造成一定影响，并呈现从局部地区污染防治向区域尺度污染防治的转变，危害人民的健康并制约了城市的可持续发展。因此，生活垃圾焚烧所致的人群健康风险与生态环境问题成为公众关注的热点。

本研究选取广东省珠江三角洲地区中心地带 3 座生活垃圾焚烧发电厂为

研究对象，利用大气扩散模型 AERMOD（AMS/EPA REGULATORY MODEL）模拟烟气中特征污染物的扩散，并应用美国环境保护局健康风险评估方法评价其对人体的健康风险，探讨城市生活垃圾焚烧设施对人群健康的影响，以期为环境风险管理提供技术支撑。

2.5.1.1 评估对象

评估区域属于亚热带季风气候，光照充足，热量丰富，气候温暖，温度变幅小，雨量充沛，干湿季明显。本研究所选择的 3 座生活垃圾焚烧发电厂分别位于评估区域的中心区域、东北角和西北角，最小厂距约为 27 km，服务范围基本覆盖评估地区所有生活垃圾的焚烧处理。其中，生活垃圾焚烧发电厂 1（以下简称"厂 1"）垃圾焚烧处理规模为 9×600 t/d，配套发电机装机容量分别为 2×15 MW、3×15 MW、2×25 MW，烟囱高度均为 120 m，烟囱有效内径均为 1.21 m，烟气出口温度分别为 150℃、150℃、160℃。厂 1 所在区域全年主导风向为东风和东北风，共占 32.33%，年静风频率为 0.94%；厂区周边共有 17 个敏感点，涵盖常住人口 4.1 万余人，在其下风向建有学校（小学）、社区、村庄等。生活垃圾焚烧发电厂 2（以下简称"厂 2"）垃圾焚烧处理规模为 2×600 t/d，配套发电机装机容量为 2×18 MW，烟囱高度为 120 m，烟囱有效内径为 1.37 m，烟气出口温度为 215℃。厂 2 所在区域全年主导风向为东风和东北风，年静风频率为 2.25%；厂区周边共有 24 个敏感点，涵盖常住人口 2.1 万余人，在其下风向建有学校（职业学校、中小学、幼儿园）、社区等。生活垃圾焚烧发电厂 3（以下简称"厂 3"）垃圾焚烧处理规模为 3×500 t/d，配套发电机装机容量为 2×18 MW，烟囱高度为 80 m，烟囱有效内径为 1 m，烟气出口温度为 150℃。厂 3 所在区域主导风向为东北风、北风和南风，分别占 16.88%、15.16%、6.12%，其中秋季和冬季以偏东风为主，春季和夏季偏东风与偏南风交替，年静风频率为 2.33%；厂区周边共有 18 个敏感点，涵盖常住人口 4.6 万余人，在其下风向建有学校、医院、社区等。

3 座生活垃圾焚烧发电厂均装有与其相配套的烟气净化系统［选择性非催

化还原（SNCR）脱硝 + 半干法烟气脱硫 + 活性炭吸附 + 袋式除尘器]，焚烧炉运行时间均为 8 000 h/a。本研究关注的烟气特征污染物及各生活垃圾焚烧发电厂正常运行工况下烟气特征污染物排放预测源强见表 2-2。

表 2-2　各生活垃圾焚烧发电厂烟气预测源强

厂名	烟气流量 / （m³/h）	排放速率 /（kg/h）								
		PM_{10}	$PM_{2.5}$	HCl	NO_x	SO_2	Pb	Cd	Cr	PCDD/Fs
厂 1	252 298	0.92	0.46	1.77	19.44	1.89	0.26×10^{-3}	—	0.50×10^{-3}	—
	177 433	0.72	0.36	1.36	16.12	1.34	0.18×10^{-3}	—	0.36×10^{-3}	—
	250 737	1.01	0.51	2.36	22.63	1.88	0.25×10^{-3}	—	0.61×10^{-3}	0.15×10^{-8}
厂 2	211 953	2.05	1.03	1.45	29.25	0.48	0.21×10^{-2}	—	0.90×10^{-3}	0.43×10^{-5}
厂 3	285 576	0.60	0.30	0.65	29.39	0.43	0.29×10^{-3}	1.14×10^{-4}	1.21×10^{-3}	0.10×10^{-4}

注："—"表示数据缺省；厂 1 有 3 个烟囱。

2.5.1.2　评估方法

（1）大气环境影响预测与评价

1）预测模型及数据来源

本次预测选择《环境影响评价技术导则　大气环境》（HJ 2.2—2018）推荐的 AERMOD 模型进行预测。AERMOD 模型是由美国环境保护局联合美国气象学会组建的法规模式改善委员会（AERMIC）在 ISC3 基础上开发的一个稳态烟羽模型，可基于大气扩散边界层数据特征模拟点源、面源、体源等排放的污染物在短期（小时平均、日平均）、长期（年平均）的浓度分布，适用于农村地区或城市地区，以及简单地形或复杂地形。其在对流边界层中实现双高斯垂直色散函数，全面地考虑了大气中的上升气流和下降气流，被广泛应用于模拟大气中各种污染物的扩散特征。

以各生活垃圾焚烧发电厂烟囱为坐标原点（0，0，0），按照分辨率为 50 m×50 m 的网格，3 座生活垃圾焚烧发电厂坐标系覆盖的烟气污染物排放及扩散区域分别有 3 721 个、2 601 个、441 个受体网格点，面积分别为 28 km²、20 km² 和 3 km²。AERMOD 所需的地面气象数据采用评估区域常规观测站（22°58′N，113°44′E）2017 年连续一年的逐时、逐次常规气象观测资料。高空气象资料采用 WRF 模式模拟的高空网格点资料，网格点经纬度为 22°59′45.77″N、113°35′31.44″E，每日两次［00 时和 12 时（世界时），对应背景时的 08 时和 20 时］。地形数据采用美国航空航天局（National Aeronautics and Space Administration，NASA）和美国国家地理空间情报局（National Geospatial-Intelligence Agency，NGA）联合测量的 SRTM 地形数据，精度为 90 m×90 m。

2）大气环境影响评价

依据评估区域相关环境空气功能区划，3 座生活垃圾焚烧发电厂附近区域及评价范围涵盖《环境空气质量标准》（GB 3095—2012）中的一类区和二类区。因此，本研究关注的烟气特征污染物颗粒物（PM_{10}、$PM_{2.5}$）、NO_x、SO_2、Pb 的评价标准执行《环境空气质量标准》（GB 3095—2012）中的一级标准，HCl 参照执行《工业企业设计卫生标准》（TJ 36—79）中居住区大气中有害物质最高容许浓度，Cd 参照执行《环境空气质量标准》（GB 3095—2012）附录 A 要求，PCDD/Fs 参照执行日本环境空气质量标准。各污染物标准值详见表 2-3。

表 2-3 环境空气质量评价执行标准

污染物	污染物限值 /（μg/m³）		
	1 h 均值	24 h 均值	年均值
PM_{10}	—	50	40
$PM_{2.5}$	—	35	15
NO_x	250	100	50

续表

污染物	污染物限值 / (μg/m³)		
	1 h 均值	24 h 均值	年均值
SO₂	150	50	20
Pb	—	—	0.5
Cd	—	—	0.005
HCl	50	15	—
PCDD/Fs/ (pg TEQ/m³)	—	—	0.6

注：“—”表示数据缺省。

（2）健康风险评估

环境健康风险评估包括 4 个基本步骤：一是危害识别，即明确所评估的污染要素的健康终点；二是剂量 - 反应评估，即明确暴露和健康效应之间的定量关系；三是暴露评估，包括人体接触的环境介质中污染物的浓度，以及人体与其接触的行为方式和特征，即暴露参数；四是风险表征，即综合分析剂量 - 反应和暴露评估的结果，得出风险值[1]。

1）暴露模型

根据目前国内外常用的呼吸暴露量化方法[2-5]，儿童和成人经呼吸摄入污染物的量用下列公式进行计算：

$$\mathrm{ADD_{inh}} = \frac{C \times \mathrm{IR} \times \mathrm{EF} \times \mathrm{ED}}{\mathrm{BW} \times \mathrm{AT}} \qquad (2-1)$$

式中：$\mathrm{ADD_{inh}}$ 为污染物经呼吸的日均暴露剂量，mg/ (kg · d)；C 为某环境介质中污染物的浓度，mg/m³；IR 为摄入量，m³/d；EF 为暴露频率，d/a；ED 为暴露持续时间，a；BW 为体重，kg；AT 为平均暴露时间，d。

暴露参数是用来描述人体暴露于环境介质的特征和行为的基本参数，是决定环境健康风险评估准确性的关键因子。此次风险评估中人群的呼吸暴露参数参考《中国人群暴露参数手册》及相关文献，见表 2-4。

表 2-4　不同人群呼吸暴露参数[1-2]

人群	IR/（m³/d）	EF/（d/a）	ED/a	BW/kg	AT/a
成人（男）	18	350	30	65.0	72.4
成人（女）	14.5	350	30	56.8	77.4
儿童（男）	5.71	350	6	20.8	6
儿童（女）	5.58	350	6	19.9	6

2）毒性评估

本研究主要对 HCl、NO$_x$、SO$_2$、Pb、Cd、Cr、PCDD/Fs 等烟气特征污染物进行数值模拟和人体暴露健康风险评估，将其中 HCl、NO$_x$、SO$_2$ 和 Pb 划为非致癌污染物，将 Cr、Cd 和 PCDD/Fs 划为致癌污染物。对 4 种非致癌污染物的毒性评估采用参考剂量进行表述，而对 3 种致癌污染物的毒性评估采用致癌斜率因子进行表述，毒性评估参数来自美国环境保护局推荐的人体暴露健康风险评估相关参数[7]。污染物的毒性参数见表 2-5。

表 2-5　污染物毒性参数

非致癌污染物	RfD/［mg/（kg·d）］	致癌污染物	SF/［mg/（kg·d）］$^{-1}$
NO$_x$	0.029	Cd	6.3
SO$_2$	0.023	Cr	42
Pb	3.5×10^{-3}	PCDD/Fs	1.5×10^5

对于本次评估涉及的 HCl，目前尚未给出摄入暴露参考剂量（RfD），但美国综合风险信息系统（Integrated Risk Information System，IRIS）给出了 HCl 暴露参考浓度（RfC）为 0.02 mg/m³[7]。因此，本研究参照下列公式计算 HCl 的危险度，以此来评估 HCl 的非致癌风险。

$$\mathrm{HI} = \frac{C}{\mathrm{RfC}}\tag{2-2}$$

式中：HI 为风险指数；RfC 为污染物暴露参考浓度，mg/m³；C 为污染物测定浓度，mg/m³。

3）风险表征

环境健康风险评估分为致癌风险评估和非致癌物风险评估两大类，二者均建立在对污染物人体暴露剂量的准确评价基础上。对环境介质中污染物浓度准确定量的情况下，暴露参数值的选取越接近评价目标人群的实际暴露情况，则暴露剂量的评价结果越准确，环境健康风险评估的结果也就越准确。

非致癌风险通常用风险指数（HQ）进行描述[4, 8, 9]，计算公式如下：

$$HQ = \frac{ADD_{inh}}{RfD} \qquad (2-3)$$

式中：HQ 为非致癌风险商，表征单种污染物的非致癌风险，量纲一，HQ≤1 表示风险较低或可以忽略，HQ＞1 表示存在非致癌风险；ADD_{inh} 为污染物经呼吸的日均暴露剂量，mg/（kg·d）；RfD 为单位时间内单位体重摄取的不会引起人体不良反应的污染物参考剂量，mg/（kg·d）。

致癌风险评估通常以风险值（CR）表示[4, 8, 9]，计算公式如下：

$$CR = ADD_{inh} \times SF \qquad (2-4)$$

式中：CR 为污染物致癌风险，量纲一，CR＜10^{-6} 表示风险可以忽略或者可接受，CR 在 10^{-6}～10^{-4} 之间（即每 1 万人至 100 万人增加 1 个癌症患者）表示该物质可能具备致癌风险；CR＞10^{-4} 表示该物质具备致癌风险；ADD_{inh} 为污染物经呼吸的日均暴露剂量，mg/（kg·d）；SF 表示人体暴露于一定剂量的某种污染物产生致癌效应的最大概率，[mg/（kg·d）]$^{-1}$。

4）生活垃圾焚烧烟气污染物排放评价

3 座生活垃圾焚烧发电厂的焚烧炉均在 2014 年后新建或技改完成。因此，本研究关注的烟气特征污染物颗粒物、HCl、NO_x、SO_2、Cd、Pb+Cr 和 PCDD/Fs 的评价标准执行《生活垃圾焚烧污染控制标准》（GB 18485—2014）中的表 4 规定的限值，分别为 20 mg/m³、50 mg/m³、250 mg/m³、80 mg/m³、0.1 mg/m³、1.0 mg/m³ 和 0.1 ngTEQ/m³。

2.5.1.3　评估结果

（1）烟气污染物预测结果及健康风险评估

1）预测结果

运用 AERMOD 模型对 3 座生活垃圾焚烧发电厂周边环境空气中烟气特征

污染物的全时段平均浓度进行预测，结果见表2-6。依据表2-3给出的评价标准，可以看出各种烟气特征污染物的全时段平均浓度均远低于标准限值。由此可见，3座生活垃圾焚烧发电厂监测期间排放的烟气特征污染物对周边环境空气影响较小。此外，各种烟气特征污染物中颗粒物、HCl、NO_x、SO_2、Pb、Cd和Cr在预测的全时段平均浓度上无较大区别，PCDD/Fs则呈现平均浓度随着预测面积增大而递减的现象，这可能与PCDD/Fs光化学分解的半衰期短（8.3 d）且环境空气背景值较低有关。

表2-6　烟气污染物全时段平均浓度预测结果　　　　　　单位：mg/m^3

污染物	厂1	厂2	厂3
颗粒物	1.05×10^{-5}	1.49×10^{-5}	1.52×10^{-5}
SO_2	6.06×10^{-5}	6.96×10^{-6}	2.18×10^{-5}
NO_x	6.93×10^{-4}	4.24×10^{-5}	1.49×10^{-3}
Pb	1.00×10^{-8}	3.00×10^{-8}	1.00×10^{-8}
Cr	2.00×10^{-8}	1.00×10^{-8}	6.00×10^{-8}
Cd	—	—	1.00×10^{-8}
HCl	6.48×10^{-5}	2.10×10^{-5}	3.29×10^{-5}
PCDD/Fs/（$mg\ TEQ/m^3$）	5.00×10^{-14}	6.00×10^{-11}	5.07×10^{-10}

注："—"表示数据缺省。

2）环境健康风险评估

呼吸道、消化道和皮肤接触是人体暴露于生活垃圾焚烧烟气最主要的3种途径；其中，呼吸暴露是厂区外围大气敏感点人群最为直接的暴露途径。因此，本研究在讨论健康风险时主要针对呼吸暴露风险。选取3座生活垃圾焚烧发电厂排放的7种烟气特征污染物全时段平均浓度进行呼吸暴露风险评估。依据暴露模型、毒性评估和风险表征的相关计算公式，3座生活垃圾焚烧发电厂周边人群每日呼吸暴露量和人群呼吸暴露风险见表2-7。

表 2-7 生活垃圾焚烧发电厂周边人群烟气特征污染物呼吸暴露量和呼吸暴露风险

人群	每日呼吸暴露量/[mg/(kg·d)]							非致癌风险 HQ				致癌风险 CR		
	NO_x	SO_2	HCl	Cr	Cd	Pb	PCDD/Fs	NO_x	SO_2	HCl	Pb	Cr	Cd	PCDD/Fs
厂1														
成人(男)	7.63×10^{-5}	6.67×10^{-6}	—	2.20×10^{-9}	—	1.10×10^{-9}	5.50×10^{-15}	2.63×10^{-3}	2.90×10^{-4}	3.24×10^{-3}	3.14×10^{-7}	9.24×10^{-8}	—	8.25×10^{-10}
成人(女)	6.58×10^{-5}	5.75×10^{-6}	—	1.90×10^{-9}	—	9.49×10^{-10}	4.74×10^{-15}	2.27×10^{-3}	2.50×10^{-4}		2.71×10^{-7}	7.97×10^{-8}	—	7.12×10^{-10}
儿童(男)	1.82×10^{-4}	1.60×10^{-5}	—	5.26×10^{-9}	—	2.63×10^{-9}	1.32×10^{-14}	6.29×10^{-3}	6.94×10^{-4}		7.52×10^{-7}	2.21×10^{-7}	—	1.97×10^{-9}
儿童(女)	1.86×10^{-4}	1.63×10^{-5}	—	5.38×10^{-9}	—	2.69×10^{-9}	1.34×10^{-14}	6.43×10^{-3}	7.08×10^{-4}		7.68×10^{-7}	2.26×10^{-7}	—	2.02×10^{-9}
厂2														
成人(男)	4.67×10^{-5}	7.66×10^{-7}	—	1.10×10^{-9}	—	3.30×10^{-9}	6.60×10^{-12}	1.61×10^{-3}	3.33×10^{-5}	1.05×10^{-3}	9.43×10^{-7}	4.62×10^{-8}	—	9.90×10^{-7}
成人(女)	4.02×10^{-5}	6.60×10^{-7}	—	9.49×10^{-10}	—	2.85×10^{-9}	5.69×10^{-12}	1.39×10^{-3}	2.87×10^{-5}		8.13×10^{-7}	3.98×10^{-8}	—	8.54×10^{-7}
儿童(男)	1.12×10^{-4}	1.83×10^{-6}	—	2.63×10^{-9}	—	7.90×10^{-9}	1.58×10^{-11}	3.85×10^{-3}	7.97×10^{-5}		2.26×10^{-6}	1.11×10^{-7}	—	2.37×10^{-6}
儿童(女)	1.14×10^{-4}	1.87×10^{-6}	—	2.69×10^{-9}	—	8.07×10^{-9}	1.61×10^{-11}	3.93×10^{-3}	8.14×10^{-5}		2.30×10^{-6}	1.13×10^{-7}	—	2.42×10^{-6}

续表

人群	每日呼吸暴露量/[mg/(kg·d)]							非致癌风险 HQ			致癌风险 CR			
	NO_x	SO_2	HCl	Cr	Cd	Pb	PCDD/Fs	NO_x	SO_2	HCl	Pb	Cd	Cr	PCDD/Fs
成人（男）	1.64×10^{-4}	2.40×10^{-6}	—	6.60×10^{-9}	1.10×10^{-9}	1.10×10^{-9}	5.58×10^{-11}	5.65×10^{-3}	1.04×10^{-4}	1.65×10^{-3}	3.14×10^{-7}	6.93×10^{-9}	2.77×10^{-7}	8.37×10^{-6}
成人（女）	1.41×10^{-4}	2.07×10^{-6}	—	5.69×10^{-9}	9.49×10^{-10}	9.49×10^{-10}	4.81×10^{-11}	4.87×10^{-3}	8.99×10^{-5}		2.71×10^{-7}	5.98×10^{-9}	2.39×10^{-7}	7.22×10^{-6}
儿童（男）	3.92×10^{-4}	5.74×10^{-6}	—	1.58×10^{-8}	2.63×10^{-9}	2.63×10^{-9}	1.33×10^{-10}	1.35×10^{-2}	2.50×10^{-4}		7.52×10^{-7}	1.66×10^{-8}	6.63×10^{-7}	2.00×10^{-5}
儿童（女）	4.01×10^{-4}	5.86×10^{-6}	—	1.61×10^{-8}	2.69×10^{-9}	2.69×10^{-9}	1.36×10^{-10}	1.38×10^{-2}	2.55×10^{-4}		7.68×10^{-7}	1.69×10^{-8}	6.78×10^{-7}	2.04×10^{-5}

厂3

注："—"表示数据缺省。

由表 2-7 可知，评估区域烟气特征污染物每日呼吸暴露量在 4.74×10^{-15} ~ 4.67×10^{-5} mg/（kg·d），其中厂 1 和厂 2 周边人群烟气特征污染物每日呼吸暴露量明显低于厂 3，特别是 PCDD/Fs，提示与烟囱距离增加（或预测面积增大），污染物每日呼吸暴露量逐渐降低，这与华南地区［每日呼吸暴露量为 4.39×10^{-14} ~ 4.22×10^{-3} mg/（kg·d）］、山西省生活垃圾焚烧设施环境每日呼吸暴露量及规律相近[2, 10]。从人群分布来看，儿童每日呼吸暴露量明显高于成人，其中成人群体中男性高于女性，儿童群体中男性低于女性，此结果与南方地区某生活垃圾焚烧设施环境每日呼吸暴露量人群分布是一致的[2]。PCDD/Fs 因其容易在生物体内积累、对人体危害严重而受到广泛关注。世界卫生组织对人体 PCDD/Fs 每日允许摄入量的规定限值为 1~4 pg/kg；根据环境保护部《关于进一步加强生物质发电项目环境影响评价管理工作的通知》（环发〔2008〕82 号）中"PCDD/Fs 事故及风险评价标准参照人体每日可耐受摄入量 4 pg/kg 执行，经呼吸进入人体的允许摄入量按每日可耐受摄入量 10% 执行"的相关要求，则经呼吸进入人体的二噁英允许摄入量为 0.4 pg/kg，3 座生活垃圾焚烧发电厂的成人和儿童每日呼吸暴露量都远低于该标准。

由表 2-7 可知，3 座生活垃圾焚烧发电厂周边环境空气中 HCl 对人群（儿童和成人）的非致癌风险在 1.05×10^{-3} ~ 3.24×10^{-3} 之间，NO_x 在 1.39×10^{-3} ~ 1.38×10^{-2} 之间，SO_2 在 2.87×10^{-5} ~ 7.08×10^{-4} 之间。就非致癌风险来看，3 座生活垃圾焚烧发电厂周边环境空气中风险指数大小顺序为 NO_x＞HCl＞SO_2＞Pb。可以看出本次监测期间各厂排放烟气中的 NO_x、SO_2、HCl 和 Pb 的浓度对其周边人群不会产生非致癌性的健康损害。从致癌风险来看，3 座生活垃圾焚烧发电厂周边环境空气中 Cd 对人群的致癌风险在 5.98×10^{-9} ~ 1.69×10^{-8} 之间，Cr 在 3.98×10^{-8} ~ 6.78×10^{-7} 之间，二噁英在 7.12×10^{-10} ~ 2.04×10^{-5} 之间，3 座生活垃圾焚烧发电厂周边环境中风险值大小顺序为 PCDD/Fs＞Cr＞Cd。可以看出本次监测期间各厂排放烟气中 Cd 和 Cr 的致癌风险可以忽略或者可接受。从人群分布来看，成人群体中所有烟气特征污染物对男性造成的健康风险高于女性，儿童群体中则是男性低于女性。此外，由于儿童的敏感性、易侵性等特征，在相同浓度水平的烟气特征污染物暴露下，儿童的健康更容易受到损害，本研究中所有烟气特征污染物对儿童的非致癌风险和致癌风险均明显高于成人，印证了这一理论。

因此，3 座生活垃圾焚烧发电厂烟气排放的 HCl、NO_x、SO_2 和 Pb 对人群产生的非致癌性的健康损害（HQ 值在 $2.71 \times 10^{-7} \sim 1.38 \times 10^{-2}$ 之间）与 Cd、Cr 对人群产生的致癌风险（CR 值小于 10^{-6}）均处于可接受范围，PCDD/Fs（CR 值在 $8.25 \times 10^{-10} \sim 2.04 \times 10^{-5}$ 之间）对人群产生的致癌风险部分略高于可接受范围（10^{-6}），处于可疑风险水平（CR 值在 $10^{-6} \sim 10^{-4}$ 之间）。此研究结果与华南地区（HQ 值范围为 $1.86 \times 10^{-4} \sim 1.04 \times 10^{-2}$，CR 值范围为 $1.10 \times 10^{-10} \sim 4.12 \times 10^{-7}$）[2]、上海市（HQ 值范围为 $2.10 \times 10^{-5} \sim 2.50 \times 10^{-3}$，CR 值范围为 $9.84 \times 10^{-8} \sim 3.82 \times 10^{-6}$）[4]、山西省（HQ 值范围为 $1.53 \times 10^{-5} \sim 1.53 \times 10^{-3}$，CR 值范围为 $1.04 \times 10^{-10} \sim 7.47 \times 10^{-7}$）[10]、北京市（CR 值范围为 $4.02 \times 10^{-11} \sim 1.21 \times 10^{-5}$）等地的生活垃圾焚烧烟气污染物健康风险评估结果接近。值得注意的是，本次风险评估中厂 3 儿童群体的 NO_x 非致癌风险和 PCDD/Fs 致癌风险都较其他污染物高，且 3 座生活垃圾焚烧发电厂下风向均分布有学校，厂 3 下风向建有医院，所以儿童、病人的污染物暴露应引起高度重视，应根据人群分布、风向变化、春夏季节更替等特点采取相应的防护措施，最大限度地保障项目周边环境空气质量和敏感人群身体健康。

（2）生活垃圾焚烧发电厂烟气污染物排放评价

根据 3 座生活垃圾焚烧发电厂竣工验收后的一年监测结果，各厂烟气污染物年平均排放浓度见表 2-8。依据 2.5.1.2 节给出的评价标准，可看出除 HCl 外，各种烟气特征污染物的年平均排放浓度远低于标准限值，HCl 无年平均评价标准。

表 2-8　生活垃圾焚烧发电厂烟气污染物的年平均排放浓度

单位：mg/m³

污染物	厂 1	厂 2	厂 3
HCl	8.84	8.58	1.27
NO_x	93.87	142	43.85

续表

污染物	厂 1	厂 2	厂 3
SO$_2$	8.17	2.22	0.63
Pb	1.08×10^{-3}	9.97×10^{-3}	2.60×10^{-2}
Cd	4.40×10^{-4}	4.60×10^{-4}	1.68×10^{-4}
Cr	2.02×10^{-3}	5.27×10^{-3}	2.20×10^{-3}
PCDD/Fs/（mgTEQ/m^3）	1.98×10^{-9}	1.90×10^{-8}	1.19×10^{-8}

2.5.1.4　小结

①3 座生活垃圾焚烧发电厂排放的颗粒物、SO$_2$、NO$_x$、HCl、Pb、Cd、Cr 和 PCDD/Fs 全时段平均浓度均远低于评价标准限值，即监测期间排放的烟气特征污染物对周边环境空气影响较小。

②3 座生活垃圾焚烧发电厂每日呼吸暴露量为厂 1<厂 2<厂 3，特别是 PCDD/Fs，提示与烟囱距离增加（或预测面积增大），污染物每日呼吸暴露量逐渐降低；从人群分布来看，儿童每日呼吸暴露量明显高于成人，其中成人群体中男性高于女性，儿童群体中男性低于女性。呼吸暴露健康风险评估结果显示除 PCDD/Fs 外，6 种烟气特征污染物对人群产生的非致癌性的健康损害、致癌风险均处于可接受范围，但是相对成人来说，儿童健康更容易被损害，所以儿童的呼吸暴露应该得到更多的重视，特别是儿童群体的 NO$_x$ 非致癌风险和 PCDD/Fs 致癌风险。

③3 座生活垃圾焚烧发电厂竣工验收后的一年监测结果显示，6 种烟气特征污染物年平均排放浓度均在国家标准限值之内。

④建议进一步加强生活垃圾焚烧厂 NO$_x$ 和 PCDD/Fs 的排放控制。在城市规划建设中尽可能使涉及儿童生活和活动的场所远离生活垃圾焚烧设施。

⑤目前主要是针对单一污染物的风险评估，但实际上人们同时暴露于多种污染物中，这可能会产生叠加效应，对健康造成更大的风险，因此多污染物联合健康风险评估仍需进一步完善。环境健康风险评估中的因素很多，包括环境因素、个体暴露情况、个体健康状态等，这些因素之间的关系往往

很复杂，评估结果通常伴随一定程度的不确定性，对于不确定性的研究仍需加强。

2.5.2 珠江三角洲某垃圾焚烧厂周边土壤环境风险评估

本案例以珠江三角洲地区某垃圾焚烧厂为例，分析了建厂前后几年周边土壤金属及类金属的分布情况，并对该区域土壤潜在生态风险进行了评估，从而客观评价垃圾焚烧厂对环境的影响，为相关部门对该类型企业的管理提供技术支撑。

2.5.2.1 评估对象

本研究中的垃圾焚烧厂位于珠江三角洲地区某市。该市地属南亚热带季风气候区，高温多雨湿润，多年平均气温为 22.6℃，多年平均降水量为 1 952.9 mm，全年主导风为东风，其次是东南风。

该垃圾焚烧厂一期工程于 2015 年 7 月建成投产，设计焚烧炉规模为 2×350 t/d，实际日处理垃圾量约 765 t，年处理垃圾量约 27.94 万 t；该项目二期工程于 2018 年 5 月建成投产，设计焚烧炉规模为 1×350 t/d，年处理垃圾量约 12.78 万 t。该垃圾焚烧厂焚烧烟气采用 "SNCR+ 半干式旋转喷雾吸收塔 + 干法脱酸 + 活性炭喷射系统 + 布袋除尘器" 组合工艺处理。一期工程和二期工程均采用机械炉排炉，主要用于焚烧生活垃圾。垃圾焚烧炉的工艺条件为：850℃的停留时间不小于 2 s，炉渣中有机物（未燃份）不大于 3%，焚烧炉压强一般为 −50～−30 Pa。

2.5.2.2 评估方法

本研究采用 SPSS22.0 软件进行相关性分析。相关性分析中，采用 Pearson 相关系数分析金属及类金属元素之间的相关性。

（1）单因子污染指数法

单因子污染指数法是目前世界通用的一种对金属及类金属污染进行评价的方法，是内梅罗污染指数法、潜在生态风险指数评价法的基础。单因子污染指数可用来反映各种金属及类金属元素的污染水平，计算公式见下式：

$$P_i = \frac{C_i}{S_i} \tag{2-5}$$

式中：P_i 为土壤中金属及类金属元素 i 的污染指数；C_i 为金属及类金属元素 i 的含量实测值；S_i 为金属及类金属元素 i 的土壤中含量参考值，本研究中取《土壤环境质量　农用地土壤污染风险管控标准（试行）》（GB 15618—2018）（pH≤5.5）的风险筛选值作为相应金属及类金属元素 i 的土壤中含量参考值。

（2）内梅罗污染指数法[11]

内梅罗污染指数法是一种能够兼顾最大值的多因子环境指数法，可突出金属及类金属高含量对土壤的影响，计算公式见下式：

$$PI = \sqrt{\frac{P_{max}^2 + P_{ave}^2}{2}} \tag{2-6}$$

式中：PI 为该区域土壤金属及类金属元素 i 的内梅罗污染指数；P_{max} 和 P_{ave} 分别为各金属及类金属元素单因子污染指数中的最大值和平均值。

（3）潜在生态风险指数评价法[12]

潜在生态风险指数评价法由瑞典科学家 Hakanson 提出，用于综合评估金属及类金属元素对生态环境的影响潜力，计算公式如下：

$$E_i = T_i \times \frac{C_i}{S_i} \tag{2-7}$$

$$RI = \sum_{i=1}^{n} E_i \tag{2-8}$$

式中：E_i 为单个金属及类金属元素 i 的潜在生态风险系数；T_i 为金属及类金属元素 i 的毒性系数；C_i 为金属及类金属元素 i 的含量实测值；S_i 为金属及类金属元素 i 的含量参考值；RI 为多种金属及类金属元素的潜在生态风险指数。本研究中 6 种金属及类金属元素的 T_i 分别为 Hg=40、Cd=30、As=10、Pb=Cu=5、Zn=1。E_i 值风险分级的第一级界限值为非污染物的污染指数（P_i=1）与参评污染物最大毒性指数（本研究中最大毒性系数为 Hg=40）的乘积，其他风险分级的界限值采用上一级的界限值的 2 倍值。本研究的 RI 值分级调整为：先根据 Hakanson 的第一级分级值 150 除以 8 种污染物（Hakanson 研究的沉积物中的 PCB、Hg、Cd、As、Pb、Cu、Cr 和 Zn）的毒性系数总值 133，得到单位毒性系数的 RI 分级值 1.13 [13]；将单位毒性系数分级值 1.13 乘以本研究中的 6 种金属及类金属元素的毒性系数总值 91，取十位数整数获得 RI 第一界限值 100，剩下各级界限值由上一级界限值乘以 2 得到。

单因子污染指数法、内梅罗污染指数法和潜在生态风险指数评价法的评价标准见表 2-9。

表 2-9　土壤金属及类金属污染物评价及潜在生态风险分级

单因子污染指数 P_i		内梅罗污染指数 PI		潜在生态风险指数			
				潜在生态风险系数 E_i		潜在生态风险指数 RI	
评价范围	风险程度	评价范围	风险程度	评价范围	风险程度	评价范围	风险程度
$P_i \leq 1$	无污染	PI≤0.7	无污染	$E_i < 40$	轻微生态风险	RI<100	轻微生态风险
$1 < P_i \leq 2$	轻微污染	0.7<PI≤1.0	轻微污染	$40 \leq P_i < 80$	中等生态风险	100≤RI<200	中等生态风险
$2 < P_i \leq 3$	轻度污染	1.0<PI≤2.0	轻度污染	$80 \leq P_i < 160$	强生态风险	200≤RI<400	强生态风险
$3 < P_i \leq 5$	中度污染	2.0<PI≤3.0	中度污染	$160 \leq P_i < 320$	很强生态风险	RI≥400	很强生态风险
$P_i > 5$	重度污染	PI>3.0	重度污染	$P_i \geq 320$	极强生态风险		

2.5.2.3　评估结果

（1）土壤元素含量水平

对 2012 年、2016—2019 年所有土壤样品元素含量进行初步统计分析（土壤 pH 为 4.71～6.22），结果见表 2-10。对比 2012 年（垃圾焚烧厂投产前）和 2016—2019 年（垃圾焚烧厂投产后）数据，可知垃圾焚烧厂投产前，土壤中 Pb、Cu 和 Zn 含量超过了广东省土壤背景值，说明这 3 种金属在此片区域的背景值较高。垃圾焚烧厂运行后，周边土壤中的 As 和 Zn 含量基本没有增加，而 Hg、Pb、Cd 和 Cu 含量的平均值分别增加了 7 倍、0.91 倍、0.15 倍和 1.4 倍。这 4 种金属都是垃圾焚烧过程中容易迁移到环境的金属。其中，Hg 属于因沸点较低、主要以气态形式伴随烟道气排放的金属，垃圾焚烧过程中 Hg 约有 70% 随尾气排放[14]。但总体上，As、Hg、Pb、Cu、Zn 和 Cd 含量的平均值均满足《土壤环境质量　农用地土壤污染风险管控标准（试行）》（GB 15618—2018）中（pH≤5.5 和 5.5＜pH≤6.5）的风险筛选值，以及《土壤环境质量　建设用地土壤污染风险管控标准（试行）》（GB 36600—2018）的第二类用地筛选值。

表 2-10　土壤金属及类金属含量统计结果

元素	平均含量 /（mg/kg）		变化范围 /（mg/kg）		广东省背景值[15]/（mg/kg）	标准限值 /（mg/kg）		
	2012 年	2016—2019 年	2012 年	2016—2019 年		GB 36600—2018（第二类用地）	GB 15618—2018（pH≤5.5，其他土地）	GB 15618—2018（5.5＜pH≤6.5，其他土地）
As	8.625	4.438	7.24～10.01	0.46～7.91	8.9	60	40	40
Hg	0.025	0.200	0.02～0.03	0.04～1.09	0.044	38	1.3	1.8
Pb	33.050	63.025	29.2～36.9	32.4～97.4	22.5	800	70	90
Cd	0.100	0.115	0～0.20	0.03～0.35	0.213	65	0.3	0.3
Cu	13.300	31.933	10.7～15.9	7.62～80.4	12	18 000	50	50
Zn	61.450	59.900	50.0～72.9	29.8～107.0	29	—	200	200

由表 2-11 可知，国内外不同垃圾焚烧厂周边金属及类金属含量差异较大。与国内外其他垃圾焚烧厂周边土壤金属及类金属含量相比，本研究中 As 和 Cd 含量相对较低，Cu 和 Zn 含量与其他垃圾焚烧厂周边土壤中的含量相当，而 Hg 和 Pb 含量相对较高。本研究中的垃圾焚烧厂周边土壤各项金属及类金属含量与同在珠三角地区的垃圾焚烧厂周边土壤金属及类金属含量较为接近。

表 2-11　与其他文献中的垃圾焚烧厂周边土壤金属及类金属含量对比

单位：mg/kg

研究	As	Hg	Pb	Cd	Cu	Zn
本研究	4.44 ± 2.47	0.2 ± 0.29	63.03 ± 23.09	0.11 ± 0.1	31.93 ± 23.35	59.9 ± 25.24
深圳[16]	11.5 ± 9.1	0.081 ± 0.028	34.8 ± 18.7	0.183 ± 0.07	17.6 ± 12.3	82.4 ± 44.2
某垃圾焚烧厂[17]	9.34 ± 1.18	0.025 ± 0.009	20.5 ± 2.94	0.028 ± 0.087	21.8 ± 2.73	46.3 ± 13.6
珠三角[18]	4.35 ± 3.07	0.117 ± 0.079	54.7 ± 41.3	0.181 ± 0.21	11.0 ± 10.0	42.8 ± 28.3
上海[13]	未检出	未检出	27.36 ± 6.38	0.399 ± 0.22	31.4 ± 9.81	99.20 ± 23.32
华北[19]	31.21 ± 18.57	0.14 ± 0.22	26.74 ± 9.00	0.38 ± 0.13	30.49 ± 7.14	120.16 ± 42.73
北京[20]	7.7 ± 2.6	0.088 ± 0.064	19.0 ± 9.0	—	28.0 ± 8.6	100 ± 40
意大利[21]	—	0.09 ± 0.08	32.62 ± 9.02	0.23 ± 0.11	38.27 ± 25.16	84.04 ± 18.45
英国[22]	20	0.50	350	0.65	233	419

（2）土壤金属及类金属相关性分析

选取 2016—2019 年数据进行土壤金属及类金属相关性分析，本研究采用 Pearson 相关性分析，结果见表 2-12。本研究中，元素两两间存在显著正相关关系的有 Zn 和 Pb（$P < 0.01$）、Zn 和 Cu（$P < 0.05$）以及 Cd 和 Hg（$P < 0.05$），

说明这三对元素可能存在相似来源。

有研究认为垃圾焚烧厂的金属及类金属排放会对周边土壤金属及类金属水平产生影响，但会被其他因素掩盖。本研究中元素 As 与其他元素未呈显著正相关，表明 As 可能具有独立的污染来源，土壤中 As 含量增加主要源自人为排放废弃物或者工业排放。由表 2-12 可知垃圾焚烧厂建立前后土壤中的 As 含量没有明显变化，推测该区域其他工业排放源或者排放含 As 废弃物的人为活动较少。

表 2-12　2016—2019 年垃圾焚烧厂周边土壤金属及类金属含量 Pearson 相关性矩阵

元素	As	Hg	Pb	Cd	Cu	Zn
As	—	0.742	0.534	0.986	0.052	0.128
Hg	0.106	—	0.187	0.011	0.713	0.610
Pb	0.200	0.408	—	0.059	0.066	0.000
Cd	0.006	0.703*	0.559	—	0.429	0.155
Cu	0.571	−0.119	0.547	0.252	—	0.012
Zn	0.465	0.164	0.864**	0.437	0.696*	—

注：表格中"—"以下部分的数字为相关系数，"—"以上部分的数字为显著性水平，* 表示在 0.05 水平显著，** 表示在 0.01 水平显著。

（3）污染评价

1）单因子污染指数和内梅罗污染指数分析

将 2016—2019 年垃圾焚烧厂周边土壤金属及类金属含量分别代入公式，将所有土壤样品各金属及类金属单因子污染指数 P_i 分别按时间分布和空间分布计算平均值和相应的内梅罗污染指数 PI，结果见表 2-13。

结合表 2-9 的分级标准，所有土壤样品 6 种金属及类金属元素的 P_i 平均值均小于 1，属于无污染的风险程度；从高到低排序为 Pb＞Cu＞Cd＞Zn＞Hg＞As。将土壤样品分别按照时间和空间归类计算单因子污染指数：从时间分布看，2018 年和 2019 年，Pb 元素 P_i 平均值超过 1，属于轻微污染；6 种金属

表 2-13　垃圾焚烧厂周边土壤金属及类金属单因子污染指数和内梅罗污染指数分级结果

	元素	按时间分布				按空间分布			所有样品 P_i 平均值计算	
		2016 年	2017 年	2018 年	2019 年	S1	S2	S3	P_i 平均值	分级范围
单因子污染指数 P_i 计算结果及分级范围	As	0.154	0.101	0.103	0.091	0.137	0.068	0.127	0.111	无污染
	Hg	0.098	0.075	0.120	0.455	0.110	0.074	0.278	0.154	无污染
	Pb	0.841	0.875	1.040	1.031	0.773	0.677	1.251	0.900	无污染至轻微污染
	Cd	0.083	0.544	0.333	0.717	0.254	0.254	0.638	0.382	无污染
	Cu	0.800	0.702	0.645	0.454	0.437	0.471	1.008	0.639	无污染至轻微污染
	Zn	0.284	0.312	0.345	0.281	0.304	0.177	0.418	0.300	无污染
内梅罗污染指数 PI 计算结果及分级范围		按时间分布				按空间分布			—	—
		2016 年	2017 年	2018 年	2019 年	S1	S2	S3		
	PI 计算	0.652	0.691	0.796	0.812	0.596	0.520	0.987	—	—
	分级结果	无污染	无污染	轻微污染	轻微污染	无污染	无污染	轻微污染	—	—

注：S1、S2、S3 为垃圾焚烧厂下风向土壤环境监测点，分别距焚烧厂 1.5 km、4.5 km、5.2 km。

及类金属按空间污染统计，S3 处的 Pb 和 Cu 元素 P_i 平均值超过 1，属于轻微污染，说明 S3 处的土壤污染程度相对较高；总体上，金属及类金属都属于轻微污染程度及以下。

内梅罗污染指数计算结果按照时间分布分析，2016—2019 年为逐年增加，2016 年、2017 年分级结果属于无污染，2018 年、2019 年属于轻微污染。从空间分布分析，3 处采样点的内梅罗污染指数排序为 S3＞S1＞S2，其中 S3 属于轻微污染，S1 和 S2 为无污染。通常情况下，垃圾焚烧厂下风向土壤金属及类金属含量较高。本研究中 S1 和 S3 均在垃圾焚烧厂下风向，但距离较远的 S3 的内梅罗污染指数却高于 S1，推测在 S3 处存在其他金属及类金属污染源。据调查，S3 位于一个农业示范区内，周边交通道路也比较密集，所以农业活动、交通可能造成此处金属及类金属含量较高，这有待进一步研究。

2）潜在生态风险评估

将各样品金属及类金属含量代入公式，计算得到单个元素的潜在生态风险系数 E_i 和潜在生态风险指数 RI，结果见表 2-14。

表 2-14　垃圾焚烧厂潜在生态风险指数

土壤样品		E_i						RI	
		As	Hg	Pb	Cd	Cu	Zn	每个监测点 RI	每年平均 RI
2016 年	S1	1.698	5.508	5.250	0.417	3.200	0.333	16.404	14.368
	S2	1.978	1.292	2.314	0.417	5.800	0.183	11.984	
	S3	0.953	4.954	5.057	0.417	3.000	0.337	14.717	
2017 年	S1	1.653	2.277	2.700	1.667	1.520	0.246	10.062	14.928
	S2	0.163	3.631	3.471	1.667	0.967	0.156	10.054	
	S3	1.228	3.077	6.957	4.833	8.040	0.535	24.670	
2018 年	S1	1.395	7.415	5.150	1.667	2.430	0.427	18.484	16.250
	S2	0.115	4.062	3.721	1.667	0.762	0.149	10.476	
	S3	1.570	2.892	6.721	1.667	6.480	0.459	19.789	
2019 年	S1	0.738	2.462	2.364	1.333	1.580	0.210	8.687	23.165
	S2	0.480	2.862	4.029	1.333	1.900	0.221	10.824	
	S3	1.345	33.538	6.286	5.833	2.640	0.340	49.983	
平均值		1.109	6.164	4.502	1.910	3.193	0.300	—	—

结合表 2-9 的生态风险分级可知，本研究中垃圾焚烧厂附近土壤样品的 E_i 平均值从高到低排序为 Hg＞Pb＞Cu＞Cd＞As＞Zn，所有样品 E_i 为 0.115～33.538，均低于 40，属于轻微生态风险；Hg 的 E_i 平均值最高，主要是由于 Hg 的毒性系数较高（T_i=40）。

所有监测点的 RI 为 8.687～49.983，均小于 100，属于轻微生态风险。

2016—2018 年 3 年的平均 RI 较接近（为 14.368～16.250），而 2019 年较高（为 23.165），较前 3 年提高了 42.6%～61.2%，主要是由于在 S3 处的 Hg 元素含量比以往几年提高了 5.5 倍以上，导致此处 RI 明显增加（2019 年 S3 处监测的 RI 达到 49.983），因此需要加强对 S3 处土壤 Hg 元素的监控。

综上所述，该垃圾焚烧厂投产 5 年以来，周边土壤中的 Hg、Pb、Cd 和 Cu 等 4 种金属含量有所增加，但仍满足《土壤环境质量　农用地土壤污染风险管控标准（试行）》（GB 15618—2018）和《土壤环境质量　建设用地土壤污染风险管控标准（试行）》（GB 36600—2018）的相应用地标准。在交通和农业活动较密集、但距垃圾焚烧厂较远的区域的土壤金属及类金属含量甚至高于接近垃圾焚烧厂的区域的含量。垃圾焚烧厂的服役期往往为 30 年甚至更长，因此还需要对该区域土壤进行长期监测以进一步掌握垃圾焚烧厂排放的金属及类金属对周边土壤的影响。

2.5.2.4　小结

①垃圾焚烧厂建厂后土壤中 Hg、Pb、Cd 和 Cu 含量的平均值比原来分别增加了 7 倍、0.91 倍、0.15 倍和 1.4 倍。与其他研究相比，本研究中 Hg 和 Pb 含量相对较高。但总体满足《土壤环境质量　农用地土壤污染风险管控标准（试行）》（GB 15618—2018）中（pH≤5.5 和 5.5＜pH≤6.5）的风险筛选值，以及《土壤环境质量　建设用地土壤污染风险管控标准（试行）》（GB 36600—2018）的第二类用地标准。

②根据相关性分析结果，元素两两间存在显著正相关关系的有 Zn 和 Pb（$P<0.01$）、Zn 和 Cu（$P<0.05$）以及 Cd 和 Hg（$P<0.05$），说明这三对元素可能存在相似来源；As 与其他元素未呈显著正相关，垃圾焚烧厂建立前后土壤中的 As 含量没有明显变化，说明此区域排放 As 的人为污染源较少。

③总体上，所有土壤样品的金属及类金属 P_i 属于轻微污染程度及以下；按时间分布分析，2016—2019 年的内梅罗污染指数逐年增加。按空间分布分析，3 处采样点的内梅罗污染指数排序为 S3＞S1＞S2，其中 S3 属于轻微污染，S1 和 S2 为无污染。距离较远的 S3 的土壤金属及类金属污染程度反而比

较高，推测主要是由于此处交通和农业活动较密集，但这有待进一步研究。

④垃圾焚烧厂周边土壤潜在生态风险指数 RI 为 8.687～49.983，属于轻微生态风险。2019 年 S3 处 Hg 含量升高，RI 值比 2016—2018 年提高了42.6%～61.2%，需要加强对 S3 处土壤 Hg 元素的监控。

⑤汞属于易挥发、难凝结的金属，在垃圾焚烧厂主要随烟气排放，建议加强生活垃圾焚烧烟气处理过程中汞的处置和管控。

⑥金属及类金属在生活垃圾焚烧厂周边环境中的迁移传输具有复杂多变的特点，并且其空间传输和界面分配受到多种因素影响。因此，需要进一步结合周边地理特征、污染源分布等多种因素，提出相应解决方案。

2.5.3　某垃圾焚烧厂的环境空气、飞灰和土壤二噁英风险评估

本研究分析了珠江三角洲某垃圾焚烧厂的厂内环境（空气和飞灰）、邻近敏感点环境（空气和土壤）中的二噁英（PCDD/Fs）分布情况（毒性学量以I-TEQ 计），采用美国环境保护局风险评价模型和蒙特卡罗模拟对该垃圾焚烧厂的厂内工人和敏感点周边村民（下文简称"村民"，包括儿童、青少年和成人）的健康风险进行评估，为我国垃圾焚烧厂排放的 PCDD/Fs 对厂内工人和周边敏感点村民可能带来的健康风险提供数据支撑。

2.5.3.1　样品采集

为评估垃圾焚烧厂厂内工人的 PCDD/Fs 健康风险，本研究采集了厂内环境空气和飞灰样品，飞灰样品取自垃圾焚烧厂固化飞灰存放间，包括 2017 年（2 个样品）、2018 年（3 个样品）和 2019 年（1 个样品）共计 6 个样品；厂内环境空气样品采集自厂内 4 个监测点（1 个上风向和 3 个下风向），采样时间为 2017 年冬季、2018 年夏季和 2019 年夏季（每年 4 个样品），共计 12 个样品。为评估垃圾焚烧厂邻近敏感点的 PCDD/Fs 健康风险，本研究选取在下风向邻近的村落（以烟囱为起点约 1.5 km 处）布设环境空气和土壤采样点，环境空气采样分别于 2017 年冬季（1 个样品）、2018 年夏季（2 个样品）和2019 年夏季（1 个样品）进行，共采集 4 个样品；土壤采样分别于 2017 年冬

季（1个样品）、2018年春季（1个样品）和2019年春季（1个样品）进行，共采集3个样品。

2.5.3.2 评估方法

（1）健康风险评估

对暴露在PCDD/Fs（环境空气、飞灰和土壤）的垃圾焚烧厂厂内工人（成人）和居住于垃圾焚烧厂下风向邻近敏感点的村民（成人、青少年和儿童）进行健康风险评估。

厂内工人的飞灰二噁英暴露量、土壤二噁英暴露量和环境空气二噁英暴露质量浓度的计算公式如下：

1）飞灰二噁英暴露量

$$\text{CDI}_{\text{inh}} = c_{\text{FA}} \times \frac{\text{HR} \times \text{EF} \times \text{ED} \times \text{ET}_1}{\text{PEF} \times \text{BW} \times \text{AT}} \tag{2-9}$$

$$\text{CDI}_{\text{derm}} = \frac{8}{24} \times c_{\text{FA}} \times \frac{\text{SA} \times \text{AF} \times \text{ABS} \times \text{EF} \times \text{ED}}{\text{BW} \times \text{AT}} \times 10^{-6} \tag{2-10}$$

$$\text{CDI}_{\text{ing}} = \frac{8}{24} \times c_{\text{FA}} \times \frac{\text{IR} \times \text{EF} \times \text{ED}}{\text{BW} \times \text{AT}} \times 10^{-6} \tag{2-11}$$

2）土壤二噁英暴露量

$$\text{CDI}_{\text{inh}} = c_{\text{S}} \times \frac{\text{HR} \times \text{EF} \times \text{ED} \times \text{ET}_2}{\text{PEF} \times \text{BW} \times \text{AT}} \tag{2-12}$$

$$\text{CDI}_{\text{derm}} = \frac{16}{24} \times c_{\text{S}} \times \frac{\text{SA} \times \text{AF} \times \text{ABS} \times \text{EF} \times \text{ED}}{\text{BW} \times \text{AT}} \times 10^{-6} \tag{2-13}$$

$$\text{CDI}_{\text{ing}} = \frac{16}{24} \times c_{\text{S}} \times \frac{\text{IR} \times \text{EF} \times \text{ED}}{\text{BW} \times \text{AT}} \times 10^{-6} \tag{2-14}$$

3）环境空气二噁英暴露质量浓度

$$\text{EC}_{\text{air}} = c_{\text{air-MSWI}} \times \frac{\text{ET}_1 \times \text{EF} \times \text{ED}}{24 \times \text{AT}} + c_{\text{air-village}} \times \frac{\text{ET}_2 \times \text{EF} \times \text{ED}}{24 \times \text{AT}} \tag{2-15}$$

以 24 h 在邻近敏感点计算村民的健康风险，土壤二噁英暴露量和环境空气二噁英暴露质量浓度的计算公式如下：

1）土壤二噁英暴露量

$$CDI_{inh} = c_S \times \frac{HR \times EF \times ED \times ET_3}{PEF \times BW \times AT} \tag{2-16}$$

$$CDI_{derm} = c_S \times \frac{SA \times AF \times ABS \times EF \times ED}{BW \times AT} \times 10^{-6} \tag{2-17}$$

$$CDI_{ing} = c_S \times \frac{IR \times EF \times ED}{BW \times AT} \times 10^{-6} \tag{2-18}$$

2）环境空气二噁英暴露质量浓度

$$EC_{air} = c_{air-village} \times \frac{ET_3 \times EF \times ED}{24 \times AT} \tag{2-19}$$

飞灰与土壤暴露的二噁英健康风险和环境空气暴露的健康风险计算公式如下。

1）飞灰与土壤暴露的二噁英健康风险

$$CR = \sum_{i=1}^{3} CDI_i \times CSF_i \tag{2-20}$$

$$HI = \sum_{i=1}^{3} CDI_i / RfD_i \tag{2-21}$$

2）环境空气暴露的健康风险

$$CR_{air} = EC_{air} \times IUR \tag{2-22}$$

$$HI_{air} = EC_{air} / RfC \tag{2-23}$$

式中：c_{FA} 和 c_S 分别为飞灰和土壤中 PCDD/Fs 的毒性当量，mgTEQ/kg；CDI_{inh}、CDI_{derm} 和 CDI_{ing} 分别为口鼻吸入暴露量、皮肤接触暴露量和意外经口摄入暴露量，mg/（kg·d）；CR 为飞灰和土壤致癌风险（量纲一）；HI 为飞灰和土壤非致癌风险（量纲一）；HR 为空气吸入速率；EF 为暴露频率；ED 为暴露持续时间；ET_i 为平均时长；PEF 为颗粒排放因子；BW 为平均体质量；AT

为平均时长；SA 为皮肤暴露表面积；AF 为皮肤黏着系数；ABS 为皮肤接触吸收因子；IR 为经口摄入速率；CSF 为致癌斜率因子；RfD 为非致癌参考剂量；IUR 为单位吸入风险；RfC 为参考浓度。本研究中环境空气健康风险采用美国环境保护局的新方法[23, 24]；EC_{air} 为暴露浓度，$\mu gTEQ/m^3$；$c_{air-MSWI}$ 和 $c_{air-village}$ 分别为厂内环境空气和邻近敏感点环境空气中 PCDD/Fs 的毒性当量，$\mu gTEQ/m^3$；CR_{air} 和 HI_{air} 分别为环境空气致癌风险和非致癌风险。

（2）蒙特卡罗模拟

蒙特卡罗模拟是一种利用随机数进行统计试验的方法，近年来常被应用到风险评价工作中。通过模拟不同输入变量得到大量模拟结果并进行统计分析[25]。风险评估公式参数见表 2-15，由表 2-15 可知部分参数为固定值，部分参数为呈现统计分布的数组。本研究采用 Oracle Crystal Ball 11.1 软件对健康风险进行蒙特卡罗模拟计算，厂内工人健康风险计算运行 100 000 次，村民健康风险计算运行 50 000 次。

表 2-15　美国环境保护局计算中的参数[26, 27]

参数	含义	单位	类型	不同人群参数分布		
				厂内工人和村民成人	村民青少年	村民儿童
IR	经口摄入速率	mg/d	对数正态分布	LN（26.95，1.88）	LN（23.85，1.88）	LN（24，4）
EF	暴露频率	d/a	对数正态分布	LN（252，1.01）	LN（252，1.01）	LN（252，1.01）
ED	暴露持续时间	a	均匀分布	U（0，53）	U（0，6）	U（0，11）
BW	平均体质量	kg	对数正态分布	LN（59.78，1.07）	LN（32.41，1.08）	LN（22.36，1.48）
AT（致癌）	平均时长	d	点值	70×365	70×365	70×365
AT（非致癌）				53×365	6×365	11×365

参数	含义	单位	类型	不同人群参数分布		
				厂内工人和村民成人	村民青少年	村民儿童
HR	空气吸入速率	m³/d	对数正态分布	LN（32.73, 1.14）	LN（32.13, 1.04）	LN（14.10, 1.72）
ET	平均时长	h/d	点值	ET₁=8;ET₂=16;ET₃=24	24	24
PEF	颗粒排放因子	m³/kg	点值	1.36×10^9	1.36×10^9	1.36×10^9
SA	皮肤暴露表面积	cm²/d	点值	5 700	2 800	2 800
ABS	皮肤接触吸收因子	量纲一	点值	0.03	0.03	0.03
AF	皮肤黏着系数	mg/cm²	点值	0.07	0.20	0.20
CSF	致癌斜率因子	[mg/(kg·d)]⁻¹	点值	1.30×10^5	1.30×10^5	1.30×10^5
RfD	非致癌参考剂量	mg/d	点值	7.00×10^{-10}	7.00×10^{-10}	7.00×10^{-10}
IUR	单位吸入风险	μg/m³	点值	38.00	38.00	38.00
RfC	参考浓度	μg/m³	点值	4.00×10^{-5}	4.00×10^{-5}	4.00×10^{-5}

2.5.3.3　评估结果

将飞灰、厂内环境空气、土壤和邻近敏感点环境空气样品的毒性当量最大值分别代入式（2-9）～式（2-23），通过对表 2-15 中存在统计分布的参数采用蒙特卡罗抽样模拟，并进行随机抽样，计算健康风险结果，采用风险统计结果的第 95 百分位数作为风险值的上限。

（1）致癌风险和非致癌风险统计结果

厂内工人和村民（成人、青少年和儿童）的致癌风险（CR）合计和非致癌风险（HI）合计统计结果见表 2-16。一般情况下，致癌风险 CR 高于

1.00×10^{-4} 说明具有较高致癌风险[28]，低于 1.00×10^{-6} 可视为可接受[29]。由表 2-16 可知，厂内工人 CR 合计第 95 百分位数为 6.04×10^{-6}，村民中的成人、青少年和儿童 CR 合计第 95 百分位数分别为 3.94×10^{-6}、4.55×10^{-7} 和 8.50×10^{-7}，存在高于 1.00×10^{-6} 的现象，说明成人致癌风险高于可接受水平，存在可能受影响的风险。4 种暴露人群的 CR 合计第 95 百分位数排序为厂内工人>村民成人>村民儿童>村民青少年。厂内工人 CR 合计第 95 百分位数最高，分别是村民成人、青少年和儿童的 1.53 倍、13.27 倍和 7.11 倍。厂内工人和村民成人的 CR 相对较高，第 95 百分位数分别为 6.04×10^{-6} 和 3.94×10^{-6}。非致癌风险 HI 超过 1 表示具有非致癌风险[30]。由表 2-16 可知，厂内工人 HI 合计第 95 百分位数为 4.28×10^{-2}，村民中的成人、青少年和儿童 HI 合计第 95 百分位数分别为 4.61×10^{-3}、5.81×10^{-3} 和 6.90×10^{-3}，远低于 1，说明非致癌风险极低。

表 2-16　厂内工人和村民（成人、青少年和儿童）的
PCDD/Fs 致癌风险（CR）和非致癌风险（HI）

计算结果统计	CR				HI			
	厂内工人	村民成人	村民青少年	村民儿童	厂内工人	村民成人	村民青少年	村民儿童
平均值	3.19×10^{-6}	2.07×10^{-6}	2.39×10^{-7}	4.47×10^{-7}	2.25×10^{-2}	2.44×10^{-3}	3.05×10^{-3}	3.61×10^{-3}
中间值	3.19×10^{-6}	2.07×10^{-6}	2.37×10^{-7}	4.47×10^{-7}	2.24×10^{-2}	2.45×10^{-3}	3.02×10^{-3}	3.60×10^{-3}
第 5 百分位数	3.15×10^{-7}	2.08×10^{-7}	2.34×10^{-8}	4.46×10^{-8}	2.22×10^{-3}	2.45×10^{-4}	2.96×10^{-4}	3.60×10^{-4}
第 95 百分位数	6.04×10^{-6}	3.94×10^{-6}	4.55×10^{-7}	8.50×10^{-7}	4.28×10^{-2}	4.61×10^{-3}	5.81×10^{-3}	6.90×10^{-3}

（2）厂内工人和村民成人 CR 暴露途径占比分析

由上文可知，厂内工人和邻近敏感点的村民成人 CR 相对较高，第 95 百分位数分别占风险标准值（1.00×10^{-6}）的 60% 和 39%，因此对这两类人群的

CR 暴露途径进行分析。对每种暴露途径 CR 及其在总风险（即 CR 合计）的占比，同样采用蒙特卡罗模拟进行 50 000 次随机抽样。各暴露途径 CR 和占比见图 2-1。

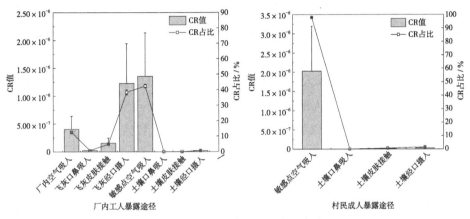

图 2-1　各暴露途径 CR 值及占比

由图 2-1 可知，厂内工人的 8 种暴露途径中，平均占比最高的前 3 项暴露途径分别是敏感点空气吸入（42.43%）、飞灰经口摄入（38.43%）和厂内空气吸入（12.69%），CR 统计结果平均值分别为 1.36×10^{-6}、1.23×10^{-6} 和 4.06×10^{-7}。由图 2-1 可知，村民成人 CR 的 4 种暴露途径中，敏感点空气吸入占绝对主导地位，平均占比达 97.79%，对应的 CR 为 2.03×10^{-6}。

其他关于垃圾焚烧厂周边居民的健康风险研究均表明，环境空气吸入是致癌风险和非致癌风险中最主要的暴露途径，这与本研究村民成人 CR 暴露途径中环境空气吸入占主导的规律相符。对厂内工人而言，由于暴露介质包括 PCDD/Fs 质量分数较高的飞灰，因此飞灰经口摄入 CR 达 1.23×10^{-6}，贡献了总 CR 的 38.43%；但环境空气吸入（包括厂内空气吸入和敏感点空气吸入）仍然是对厂内工人 CR 贡献较高的暴露途径，CR 之和为 1.77×10^{-6}，占 55.12%。建议加强对环境空气 PCDD/Fs 的监控和厂内飞灰经口摄入的风险管控。

2.5.3.4 小结

①厂内工人和村民（成人、青少年和儿童）的致癌风险 CR 合计第 95 百分位数为 $4.55 \times 10^{-7} \sim 6.04 \times 10^{-6}$，其中厂内工人和村民成人致癌风险存在大于 1.00×10^{-6}、小于 1.00×10^{-5} 的现象，存在可能受影响的风险；非致癌风险 HI 合计第 95 百分位数为 $4.61 \times 10^{-3} \sim 4.28 \times 10^{-2}$，远低于 1，非致癌风险极低。

②厂内工人和村民成人 CR 相对较高，第 95 百分位数分别占风险标准值的 60% 和 39%；厂内工人的环境空气吸入（包括敏感点空气吸入和厂内空气吸入）和飞灰经口摄入 CR 占比最高，占比分别达 55.12% 和 38.43%；村民成人的环境空气吸入在总 CR 中起主导作用，占比达 97.79%。

③根据厂内工人和村民成人的暴露途径，建议厂内工人在作业时佩戴口罩等劳保用品，降低吸入和飞灰经口摄入的风险。同时建议优化生活垃圾焚烧厂烟气治理设施，在经济和技术可控的前提下，进一步降低重金属和 PCDD/Fs 的排放量。

第 3 章

生活垃圾焚烧设施
环境风险管控策略

3.1　生活垃圾焚烧设施环境风险源控制技术

3.1.1　大气环境风险源控制技术

生活垃圾处置过程产生的大气环境污染风险主要来源于生活垃圾焚烧过程中产生的烟气、垃圾卸料储存过程中产生的废气、污水处理过程中产生的废气、氨水储存过程中产生的废气等。

3.1.1.1　生产过程大气风险源控制

生活垃圾焚烧设施正常工况下的大气污染源主要包括垃圾燃烧产生的焚烧炉烟气以及垃圾卸料场地的恶臭。焚烧炉烟气成分随垃圾成分的不同有所变化，主要污染物为 SO_2、NO_x、HCl、烟尘、重金属和二噁英类；恶臭物质主要为 NH_3、H_2S 和甲硫醇等。

（1）废气有组织排放源

生活垃圾焚烧工程主要废气有组织排放源为垃圾贮存系统和焚烧系统。垃圾焚烧烟气的污染物种类和浓度与垃圾的成分、燃烧速率、焚烧炉型、燃烧条件、废物进料方式有密切关系，烟气的主要污染物有烟尘、酸性气体、CO、重金属、二噁英等。

现有的垃圾焚烧炉均会配套建设烟气净化系统，目前国内主流的烟气净化系统采用"炉内 SNCR 脱硝 + 半干式反应塔 + 干法脱酸 + 活性炭吸附 + 袋式除尘器"和"炉内 SNCR 脱硝 + 半干式反应塔 + 干法脱酸 + 活性炭吸附 + 袋式除尘器 +SCR+ 湿法脱硫"组合工艺对焚烧炉废气进行脱硝、脱酸、去除重金属、除尘净化等，然后废气高空排放。

（2）废气无组织排放源

生活垃圾焚烧工程的废气无组织排放源主要为恶臭，主要来自垃圾池内的垃圾堆体、渗滤液收集池内的垃圾渗滤液。恶臭污染物扩散途径主要是垃圾池内的气体输送过程中的泄漏、停炉过程中的气体排放、垃圾渗滤液收集处理过程中的逸散，以及垃圾车进厂后的遗洒等。

1）垃圾储坑恶臭控制

目前，国内的生活垃圾焚烧发电厂为确保垃圾储坑的恶臭物质不外逸到大气环境中而造成污染，一般会在垃圾储坑安装抽风设备，将垃圾储坑内的空气全部抽到垃圾焚烧炉内进行焚烧，以实现恶臭物质的热分解。同时，垃圾储坑一般设置备用抽风系统；在焚烧炉停炉检修时，为保持垃圾仓内的负压环境，避免 H_2S、NH_3、甲硫醇等臭气外溢，备用抽风系统开启；备用抽风系统出口设有活性炭除臭装置，满足停炉检修期间垃圾储坑外排臭气的处理要求，经处理后排放的恶臭污染物满足《恶臭污染物排放标准》（GB 14554—93）的标准限值要求。

2）垃圾卸料大厅恶臭控制

垃圾卸料大厅与运输栈桥和垃圾储坑直接相连。为确保垃圾储坑的恶臭不外逸到卸料大厅，一般在垃圾投入口与垃圾储坑之间设有液压式垃圾倾卸门，平时保持密闭状态，垃圾储坑内部处于负压状态，焚烧炉所需的一次风从垃圾储坑抽取。卸料大厅同样设有抽风设备，将空气抽入垃圾储坑中，最终空气进入垃圾焚烧炉焚烧。而且，卸料大厅亦保持一定的负压，使内部的空气不会自主往外环境扩散，在垃圾卸料大厅的出入口装备空气帘幕，阻隔臭气和灰尘的外逸。运输栈桥设计成封闭形式，通过抽风将车辆通过时产生的臭气抽至垃圾储坑。

3）垃圾渗滤液恶臭控制

垃圾渗滤液含有高浓度的有机物，其在收集处理过程中会散发大量的恶臭物质。目前，国内生活垃圾焚烧发电厂一般会将垃圾渗滤液产生、运输、处理系统各池体、管道密闭设计，产生的臭气由密封管道经风机抽入垃圾储坑作为一次风送入炉膛助燃。

4）其他环节设除臭剂喷洒装置

在厂内垃圾运输道路、垃圾运输车洗车点等位置，设置除臭剂喷洒装置，以减少恶臭的影响等。垃圾运输车辆使用全密闭卸载车辆，防止运输过程中恶臭的扩散，垃圾的遗撒，渗滤液的渗漏、滴漏等现象。

3.1.1.2　事故性大气风险源控制

（1）废气排放预防措施

①制定严格的工艺操作规程，加强监督和管理，提高职工安全意识和环保意识。要定期检查设备、管道、阀门、接口处，严禁跑、冒、滴、漏现象的发生。

②定期对废气处理设施进行维护，及时为活性炭吸附装置更换已经报废的活性炭。

③定期组织员工培训学习，掌握相应的维护和检修操作，加强日常值守和监控，一旦发现异常，及时维修。

④配备应急电源，保证突然停电时车间通风、废气与废水处理设施的用电供应。

⑤废气处理设施采用计算机自动控制和实时监控设备，随时监控污染物浓度，一旦发现隐患，及时解决。

（2）氨水储罐泄漏风险防范措施

①储罐区设置围堰和收集池，如发生意外泄漏，立即用泵将泄漏物料由围堰泵至收集池或备用储罐，减少氨水泄漏后的氨气逸散。

②氨水储罐及输送管线的工艺设计满足主要作业的要求，工艺流程简单，管线短，阀门少，操作方便，安全可靠，避免了由于管线过长而增加跑、渗、漏，由于阀门过多而出现操作上的混乱，发生泄漏等事故。

③氨水罐区设置工业水喷淋管及喷嘴，在发生意外泄漏情况时，可用于紧急稀释泄漏氨水，减少氨水挥发的氨气对大气环境的影响。

（3）火灾爆炸事故风险防范措施

①设备的安全管理：定期对设备进行安全检测，应根据安全性、危险性设定检测频次，生产装置区域内所有运营设备电气装置都应满足防火防爆的要求。

②控制液体物料输送流速，禁止高速输送，减少管道与物料之间的摩擦，减少静电的产生。

③严禁火源进入易燃易爆液体储存区，对明火进行严格控制，定期对设备进行维修检查；汽车等机动车在生产装置区域行驶，需安装阻火器，并安装防火防爆装置。

④完善消防设施，针对不同的工作部位设置相应的消防系统。消防系统的设计应严格遵守《建筑设计防火规范》（GB 50016—2014）中的要求。在火灾爆炸的敏感区设计符合设计规范的消防管网、消防栓、喷淋系统及灭火器材，一旦发生险情，可及时处理、消灭隐患。

3.1.2　水环境风险源控制技术

生活垃圾焚烧发电项目运营过程中产生的废水主要有垃圾渗滤液，垃圾卸料平台、垃圾车及车间冲洗污水，水源净化处理系统排水，循环冷却排污，锅炉化水排水，生活污水等。但是现在国内的生活垃圾焚烧发电厂的废水基本不允许外排，部分浓液回喷至垃圾焚烧炉焚烧处理，其他低浓度废水均经过自建污水处理站或者园区集中污水处理厂处理达标后回用于厂区生产，不外排。涉及的水环境风险一般考虑事故废水的风险。

垃圾焚烧发电厂的事故废水主要包括废水处理设施事故废水、消防废水、初期雨水3种，为了防止这3种事故废水的排放污染周边环境，主要的防范措施是设置截留、事故应急池暂存事故废水等。具体的事故风险防范措施如下。

①厂区内设置环形事故沟，事故沟、生产设施区域地面采用防腐、防渗涂料。事故沟通过专管连接至事故应急池。保证生产装置内泄漏物料、受污染的消防废水能够通过事故沟排入高浓度污水处理站调节池，不会进入雨水管网。

②厂区内雨水管网系统设置切换阀，可将初期雨水和事故消防废水引至不同地方。初期雨水经雨水管道收集进入项目初期雨水池。事故情况下，消防废水流至厂区地面，立即切换雨水阀门，收集消防废水，并将雨水管网收集的废水引入高浓度污水处理站调节池，由高浓度污水处理站一并处理。

③做好日常管理及维护，专人负责阀门切换，保证消防废水、事故废水、

初期雨水排入相应池体。

3.1.3　地下水环境风险源控制技术

生活垃圾焚烧发电厂废水一般由自建污水处理站处理后回用不外排，地下水风险源主要是垃圾储坑、垃圾渗滤液池、渣坑、渣库等的垃圾渗滤液等高浓度废水渗漏，以及在事故状态下的废液、液体物料等的泄漏。目前国内生活垃圾焚烧发电项目对于地下水风险源的防控主要有以下措施。

①选择先进、成熟、可靠的工艺技术，严格按照国家相关规范要求，对工艺、管道、设备、污水储存及处理构筑物采取相应的措施，将环境事故风险降到最低。

②从设计、管理各种工艺设备和物料运输管线方面，防止和减少污染物的跑、冒、滴、漏；合理布局，减少污染物泄漏途径。优化排水系统设计，垃圾渗滤液、地面冲洗废水、初期雨水、生活污水等在厂界内得到收集并经过预处理后通过管网被送至各污水处理系统处理。管网敷设尽量采用"可视化"原则，即管道尽可能地上敷设，做到污染物"早发现、早处理"，以减少由于埋地管道泄漏而可能造成的地下水污染。

③加强日常环境管理、维护和巡查。对易腐蚀的管网及附属设施等采取防腐蚀措施，严格控制设备和管道的跑、冒、滴、漏现象。加强对污水管道、渗滤液池的巡视、管理及水量监测，及时掌握水量变化，以便污水渗漏时做出判断并采取相应措施。加强垃圾储坑渗滤液收集池、污水处理站周围的地下水监测工作，一旦出现地下水污染问题，应立即查找渗漏源，并采取有效补漏措施。

④在化学品储存区设置围堰，并对地面采取防腐、防渗处理，物料发生泄漏后在围堰内收集。生产作业区周围设围堰与应急沟，确保事故状态下槽液不外溢并快速流入事故池。厂区雨水、清下水排口设可控阀门；当发生火灾或其他事故时，立即关闭厂区雨水排口阀门，防止厂区消防水等的事故排放。

⑤分区防控。根据建设项目场地天然包气带防污性能、污染控制难易程

度和污染物特性，划定防渗分区及相应的技术要求，分为重点防渗区、一般防渗区、简单防渗区，根据不同防渗区域的污染物类型采取不同的防渗措施。

3.1.4　土壤和生态环境风险源控制技术

生活垃圾焚烧发电厂对土壤的主要污染途径包括：重金属、二噁英等大气污染物通过干沉降、湿沉降进入土壤；各种类型的固体废物的有害成分通过地表径流和雨水淋溶方式进入土壤；一些污染物在生物地球化学作用下富集于土壤中。

生态环境主要风险源包括：SO_2、NO_x 等大气污染物进入环境空气后随降雨形成酸雨，影响生态环境系统；二噁英和重金属（如 Pb、Hg、Cd）等污染物进入环境空气，通过各类物理化学过程，在生态系统中累积，影响环境空气、水体和土壤等的环境质量，并通过摄食，在食物链中富集、放大，对生物产生毒害作用，从而影响生态系统安全。

土壤和生态环境风险主要来源于大气污染物、废水污染等。对生活垃圾焚烧发电厂土壤和生态环境风险源的控制措施主要包括加强对大气、水、地下水的风险源控制，同时对重点区域进行定期的土壤监测以及按时开展土壤隐患排查等。

3.1.5　噪声风险源控制技术

在生活垃圾焚烧发电项目正常运行时，各种设施设备的运行会产生噪声，主要噪声源包括汽轮发电机、锅炉排汽系统、风机、水泵等设备运行时发出的噪声；此外，垃圾运输车辆也会产生一定的交通噪声。

生活垃圾焚烧发电项目噪声风险源控制主要是从源头控制，对主要设备噪声源采取隔声、降噪、减震等措施，同时加强厂内的交通管理，尽可能降低噪声的影响。

3.2　生活垃圾焚烧设施环境风险路径控制技术

3.2.1　噪声风险路径控制技术

目前国内生活垃圾焚烧发电项目噪声风险防控主要是从源头控制。在生活垃圾焚烧发电项目正常运行时，各种设施设备的运行会产生噪声，除源头控制外还会采取一定的路径控制，主要包括：

①选址一般都在远离人群的偏远地区，大多在山区，有天然的隔声屏障，减少噪声影响。

②在生活垃圾焚烧发电项目区域以及周边多种植树木，对施工噪声进行吸收、阻挡。

3.2.2　固体废物风险路径控制技术

生活垃圾焚烧发电项目固体废物主要包括垃圾焚烧过程产生的炉渣、飞灰，烟气净化系统布袋除尘器产生的废布袋、废活性炭，以及污水处理站的污泥、废膜柱和员工生活垃圾等。生活垃圾焚烧发电项目的固体废物风险路径控制措施一般是加强固体废物的管理，不同种类的固体废物分类收集贮存、包装容器、固体废物贮存场所建设满足《一般工业固体废物贮存和填埋污染控制标准》（GB 18599—2020）、《环境保护图形标志　固体废物贮存（处置）场》（GB 15562.2—1995）、《危险废物识别标志设置技术规范》（HJ 1276—2022）等相关标准规范的要求。同时规范固体废物管理、出入库台账记录，加强运输车辆监管，防止运输过程出现跑、冒、滴、漏等现象。

3.3　生活垃圾焚烧设施环境风险接受控制技术

环境风险接受控制技术主要是为了防止环境污染物和人的接触或者减少对身体健康的影响。生活垃圾焚烧发电项目环境风险接受控制技术包括：

①在各危险地点和危险设备处，设置防护罩、防护栏等隔离设施，并设立安全标志或涂刷相应的安全色。

②在有可能泄漏化学品的地方设置事故洗眼淋浴器。在生产现场配置防毒面具、耐酸手套和胶靴、安全帽、防护眼镜和胶皮手套，人员进入高浓度作业区时应戴防毒面具，车间常备救护用具及药品。

③所有转动设备的传动部分均有安全可行的保护设施，如皮带、联轴器等均加安全罩，防止因机械运动而发生意外人身伤害。

④为满足运输、消防、检修的要求，凡穿越道路的管架净空设计高度不得小于 5.0 m。

⑤在装置区设置安全防火标志，对各类消防设施涂刷相应的安全色。

⑥在装置区内储罐及沿道路设置消火栓和消防管网，并按规定在装置区内设置一定数量的手提式灭火器。

3.4 生活垃圾焚烧设施环境风险管控综合应用案例分析

目前，国内生活垃圾焚烧发电项目环境风险防控越来越严格。对大气、水、噪声风险，通过上述方式能及时控制风险的发生、扩散等，但地下水、土壤污染隐患一般具有隐蔽性和滞后性，不易察觉。

本书选取两个垃圾焚烧发电厂的土壤和地下水隐患排查案例，详细介绍现在国内的风险管理措施应用，为环境风险管理提供参考。

3.4.1 某垃圾焚烧发电厂土壤污染隐患排查

3.4.1.1 案例概况

某生活垃圾焚烧发电厂位于华南地区，占地面积约 10 万 m^2，配置 3 台 750 t/d 往复式炉排垃圾焚烧炉、3 台 63.29 t/h 余热锅炉，以及 2 套 25 MW 汽轮发电机组，同时配套烟气净化系统、废水处理系统、灰渣处理系统等环保工程，项目建成后年运行时间为 8 000 h，设计生产规模为日处理生活垃圾

2 000 t、年处理生活垃圾 73 万 t 和外送电 2.63×10^8 kW·h。

为了预防土壤污染，贯彻落实国家、省、市土壤污染防治相关的要求，参考《重点监管单位土壤污染隐患排查指南（试行）》（生态环境部公告 2021 年第 1 号）和《工业企业土壤和地下水自行监测　技术指南（试行）》（HJ 1209—2021）及相关标准开展土壤污染隐患排查和土壤监测。

3.4.1.2　隐患排查目的和原则

（1）目的

土壤隐患排查是指采用系统的调查方法，及时发现土壤污染隐患或者土壤污染，及早采取措施以消除隐患、管控风险，防止污染或者污染扩散和加重，降低后期风险管控或修复成本。本次土壤污染隐患排查工作的主要目的有：

①在资料收集、现场踏勘巡视的基础上，对企业的重点场所、重点设施设备和生产活动进行排查，开展厂区土壤污染隐患排查。

②根据土壤污染隐患排查结果，参考《工业企业土壤和地下水自行监测　技术指南（试行）》（HJ 1209—2021）标准要求，划分重点监测单元，提出土壤和地下水自行监测建议。

③根据重点监测单元划分结果，参照土壤污染状况调查、重点行业土壤污染状况调查等技术规范，通过现场取样调查、监测，掌握该项目厂区内的土壤环境质量状况。

④结合土壤污染隐患排查结论和土壤监测结果，提出相应整改要求或建议。

（2）原则

根据土壤隐患排查的内容及管理要求，本次土壤隐患排查和监测工作遵循以下原则。

1）针对性原则

针对企业的特征污染物和潜在污染物特性，进行土壤污染隐患排查和污染物浓度调查，为企业的土壤环境管理提供依据。

2）规范性原则

采用程序化和系统化的方式，规范土壤污染隐患排查和土壤监测过程，保证排查和监测过程的科学性和客观性。

3）可操作性原则

综合考虑调查方法、时间和经费等因素，结合当前科技发展和专业技术水平，使调查过程切实可行。

3.4.1.3 排查方法

在资料收集、现场踏勘巡视的基础上，对企业存在的重点物质、重点设施设备和生产活动进行排查，开展厂区土壤污染隐患排查，并根据隐患排查结果提出风险防范措施。具体技术路线图如图 3-1 所示。

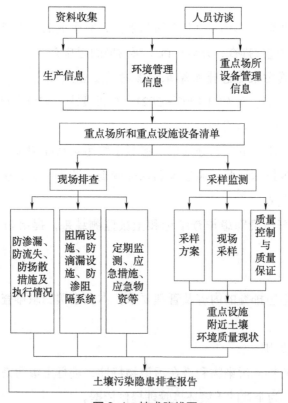

图 3-1　技术路线图

（1）资料收集

主要收集企业的基本信息、生产信息、环境管理信息等。基本信息包括企业总平面布置图及面积、重点设施设备分布图、雨污管线分布图。生产信息包括生产工艺流程图、化学品信息，涉及化学品的相关生产设施设备防渗漏、流失、扬散和建设信息，相关的管理台账。环境管理信息包括：建设项目环境影响报告书（表）、竣工环保验收报告、环境影响后评价报告、清洁生产报告、排污许可证、环境审计报告、突发环境事件风险评估报告、应急预案等；废气、废水收集、处理及排放，固体废物产生、贮存、利用和处理处置等情况，包括相关处理、贮存设施设备防渗漏、流失、扬散设计和建设信息，相关管理制度和台账；土壤和地下水环境调查监测数据、历史污染记录。重点场所设备管理信息包括重点设施设备的管理、操作、维护情况。

（2）人员访谈

与环保管理人员以及主要工程技术人员开展访谈，补充了解企业生产信息、环境管理信息等相关信息，包括设施设备运行管理、固体废物管理、化学品泄漏、环境应急物资储备等情况。

（3）重点场所和重点设施设备清单

对涉及液体储存、散装液体转运与厂内运输、货物储存与传输、生产等工业活动和其他相关场所、设施开展排查和确定。

液体储存包括地下储罐、接地储罐、离地储罐、废水暂存池、污水处理池、初期雨水收集池。

散装液体转运与厂内运输包括散装液体物料装卸、管道运输、导淋、传输泵。

货物储存与传输包括散装货物储存和暂存、散装货物传输、包装货物储存和暂存、开放式装卸。

生产活动涉及的重点设施指焚烧车间生产装置区的设备。

其他相关场所、设施等包括废水排放系统、应急收集设施、车间操作活动、分析化验室、一般工业固体废物贮存场、危险废物贮存库。

（4）现场排查

根据生活垃圾焚烧发电厂的生产特性，重点排查以下方面。

①重点场所和重点设施设备是否具有基本的防渗漏、防流失、防扬散的土壤污染预防功能（如具有腐蚀控制及防护功能的钢制储罐；设施能防止雨水进入，或者能及时有效排出雨水），以及预防土壤污染管理制度的建立和执行情况。

②在发生渗漏、流失、扬散的情况下，是否具有防止污染物进入土壤的设施，包括普通阻隔设施、防滴漏设施（如原料桶采用托盘盛放）以及防渗阻隔系统等。

③是否有能有效、及时发现泄漏、渗漏或者土壤污染的设施或者措施，如泄漏监测设施、土壤和地下水环境定期监测设施、应急措施和应急物资储备等。普通阻隔设施需要更严格的管理措施，需要定期检测防渗阻隔系统的防渗性能。

3.4.1.4　案例项目概况

（1）主要建设内容

主要建设内容包括垃圾焚烧炉、余热锅炉、发电机组、烟囱，配套建设烟气净化系统、废水处理系统、飞灰处理系统等。锅炉启动及助燃采用天然气，设有1座天然气站。平面布置见图3-2，主要建设内容见表3-1。

（2）主要生产工艺流程及产排污环节

电厂采用"机械炉排炉高温焚烧＋余热发电利用"的生产工艺对生活垃圾进行无害化处置和资源化综合利用，主要生产工艺流程说明如下。主要生产工艺流程及产排污环节分别见图3-3、表3-2。

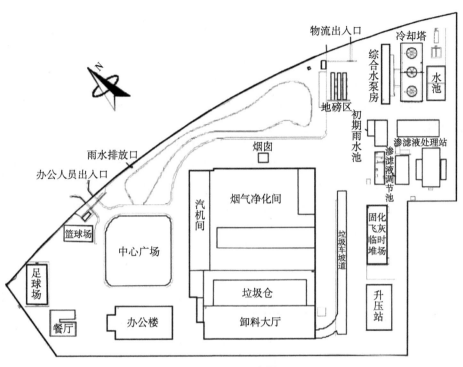

图 3-2　平面布置

表 3-1　主要建设内容一览表

建设规模		3 台 750 t/d 往复式炉排焚烧炉，设计日处理生活垃圾 2 000 t
主体工程	垃圾焚烧炉	3 × 750 t/d 往复式炉排焚烧炉
	余热锅炉	3 × 63.29 t/h 单锅筒自然循环
	汽轮发电机	25 MW+25 MW 汽轮发电机组
	辅助燃烧系统	3 套，包括天然气供应系统及自动点火、重新启动等设备
	垃圾倾斜、储坑	密闭，设计容积约 31 000 m³，设计最大垃圾储量约 2 万 t，约为 3 台焚烧炉 5～7 d 的焚烧量；配 3 台 18 t 垃圾吊车，10 个倾卸对开门
	烟囱	90 m × 3 根烟管，3 根烟管内径均为 2.2 m

续表

公用辅助工程	供输配电系统		配变电所 1 座，汽轮发电机组所发电能除了供厂内自用外，其他全部上网售电
	供排水系统		厂区的工业用水和生活用水全部采用市政自来水供给
	垃圾清运交通运输系统		垃圾由环卫系统垃圾专用车负责收运入厂，地磅房设 3 台 60 t 电子汽车衡
	循环冷却塔系统		设 3 台 3 500 t/h 机械通风冷却塔
	压缩空气系统		3 台压缩空气系统及 4 台干燥机系统，空压机单台排气量为 30～35 m³/min，出口气源压力为 0.8 MPa
	点火系统		设置天然气站、3 套天然气供应系统及点火设备
	氨水罐		设有 1 个氨水罐，容积为 120 m³，储存浓度为 25% 的氨水，贮罐设有围堰
环保工程	烟气净化系统		3 套 SNCR 炉内脱硝 + 半干法脱酸反应器（旋转喷雾塔）+ 消石灰和活性炭喷射系统 + 布袋除尘器，在烟气排放烟管上安装烟气在线监测设备
	臭气处理系统	垃圾卸料大厅及垃圾储坑	封闭式设计，垃圾卸料大厅的出入口设空气幕帘，垃圾卸料大厅与垃圾储坑打孔连通，垃圾储坑内安装强制机械抽风以将垃圾卸料大厅、垃圾储坑气抽至焚烧炉内燃烧；焚烧炉停炉检修时，2 套备用抽风系统开启，收集后经 2 套活性炭除臭装置处理后排放
		渗滤液收集处理	抽至焚烧炉焚烧处置
	废水处理系统	渗滤液（高浓度废水）	渗滤液调节池 +UASB 反应池预处理系统 1 套，处理能力为 400 t/d
		冲洗、生活及化验室废水等低浓度废水及预处理后的渗滤液	预处理后的渗滤液和低浓度废水经膜生物反应器（MBR）+ 反渗透处理系统（RO）处理后回用，RO 浓缩液回喷垃圾坑。MBR 处理能力为 600 t/d，RO 处理能力为 600 t/d
	初期雨水池		厂区设有 1 座 287 m³ 的初期雨水收集池
	飞灰处理系统		锁气器输送到埋刮板输送机，然后输送至飞灰固化车间，采用螯合固化工艺对飞灰进行稳定化处理后，送至该市某垃圾卫生填埋场填埋，设有 1 座飞灰固化物暂存库
	炉渣处理系统		水浴式出渣机，经带式输送机送至炉渣储坑，专车外运至某建材有限公司综合利用
	活性炭、污泥		送焚烧炉焚烧处置

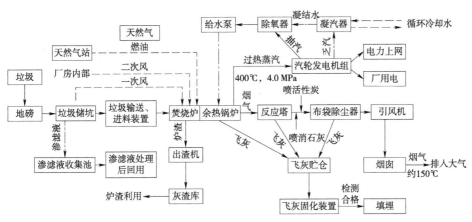

图 3-3　主要生产工艺流程图

表 3-2　产排污环节

类别	序号	产排污节点	主要污染物指标
废气	G1	垃圾卸料大厅和垃圾储坑臭气	臭气浓度、NH_3、H_2S、甲硫醇
	G2	垃圾焚烧炉烟气	烟尘、SO_2、NO_x、酸性气体、重金属、二噁英
	G3	渗滤液处理区域臭气	NH_3、H_2S、臭气浓度、甲硫醇
	G4	活性炭仓、石灰仓	粉尘
	G5	氨水罐呼吸及装卸过程逸散氨	NH_3
废水	W1	垃圾坡道及卸料平台冲洗水	COD、BOD_5、SS、氨氮
	W2	焚烧料斗冲洗水、垃圾渗滤液	COD、BOD_5、SS、氨氮、总铅、总铬、总汞
	W3	垃圾车辆冲洗废水	COD、BOD_5、SS、氨氮
	W4	生活污水	COD、SS
	W5	初期雨水	COD、SS
	W6	厂区道路冲洗水	COD、SS
	W7	化水站浓排水、反冲洗水	COD、SS，盐分较高
	W8	锅炉定连排污废水	COD、SS
	W9	循环冷却塔排水	COD、SS

续表

类别	序号	产排污节点	主要污染物指标
固体废物	S1	垃圾焚烧炉	炉渣
	S2	半干法脱酸塔、袋式除尘器	飞灰
	S3	污水处理站	污泥
	S4	活性炭除臭系统	废活性炭
	S5	袋式除尘器	废布袋
	S6	车间机修、检修维护过程	废液压油、废润滑油、废机油，含油手套、抹布等废弃劳保用品，废油漆桶、废润滑油桶、废机油桶，废铅蓄电池等
	S7	污水处理系统	废滤膜
	S8	办公生活	生活垃圾
噪声	N1	各类风机	等效连续A声级
	N2	汽轮发电机	等效连续A声级
	N3	各类泵	等效连续A声级
	N4	冷却塔	等效连续A声级
	N5	空压机	等效连续A声级
	N6	锅炉排气	等效连续A声级

1）垃圾接收

环卫部门负责将垃圾收集后，由封闭式垃圾运输车经地磅计量后送至厂区垃圾接收系统入口，经垃圾卸料门倾卸至垃圾储坑。垃圾储坑采用半地下形式，储存量按 5～7 d 设计，容积约为 31 000 m³。一期工程垃圾倾卸门的控制方式为液压式控制，设 10 个倾卸对开门，门的开、关可由位于每一倾卸门上的控制按钮及吊车控制室遥控启动，门前设置高度为 300 mm 的车挡。

垃圾储坑垃圾由抓斗（吊车）翻混进行匀质化，并停放发酵以提高垃圾热值。满足焚烧要求的垃圾按负荷量由抓斗送入炉排焚烧炉焚烧，垃圾储坑产生的渗滤液经坑底的渗滤液收集系统送污水处理站处理后回用。

2）垃圾焚烧

垃圾储坑内保持负压，坑内气体由一次风机抽出，经蒸汽 - 空气预热器加热至 230℃后，通过炉排底部的风室进入炉膛燃烧，再从锅炉顶部抽取二次风，从焚烧炉膛的前拱、后拱等处的二次喷嘴喷入炉内。在焚烧炉正常运行时，垃圾经干燥、引燃、燃烧、燃烬 4 个阶段，实现负压燃烧并达到完全燃烧。控制烟气在炉内温度 850℃以上的区域的停留时间大于 2 s，保持焚烧段湍流混合充分，必要时通过天然气辅助燃烧保持炉温，通过炉内氨水喷射来控制氮氧化物。

3）余热利用

燃料焚烧产生的热量通过锅炉受热面被吸收，并经过热器产生蒸汽，供汽轮发电机组发电。

4）焚烧烟气处理

焚烧烟气在炉内温度 850℃以上的焚烧区域的停留时间大于 2 s，确保二噁英的充分分解。焚烧炉采用水平四回程设计，有效减少了烟气在 300～500℃温度段的时间。降温后的烟气进入烟气净化设施区，采用半干法脱酸塔、消石灰喷射、活性炭喷射布袋除尘器处理。净化后的烟气经引风机排入烟囱。

5）炉渣收集处理

垃圾在炉排上燃尽后连同炉膛内的渣被排入下面的渣斗中，炙热的渣在渣斗的水池中被冷却，用捞渣机捞出，卸到旁边的皮带上，由皮带将其输送至厂区内的炉渣储坑。然后用抓斗抓到汽车上，送至某建材有限公司综合利用。

6）飞灰收集处理

除尘器吸附的飞灰经输送管送飞灰固化车间以进行稳定无害化处理。项目工程产生的飞灰及随飞灰一起排出的废活性炭在车间飞灰固化系统螯合固化稳定处理后暂存于飞灰贮仓内，经检测符合标准后，定期由专车送某垃圾卫生填埋场专区填埋。

7）污水处理

项目工程产生的污水主要包括垃圾坡道及卸料平台冲洗水，焚烧料斗冲洗水、垃圾渗滤液，垃圾车辆冲洗废水，生活污水，初期雨水，厂区道路冲洗水，化水站浓排水、反冲洗水，锅炉定连排污废水和循环冷却塔排水。采用 UASB+MBR+UF+RO 系统处理。污水处理产生的清水回用，浓缩液回喷垃圾焚烧炉或垃圾储坑，污泥送焚烧炉焚烧。

（3）涉及的有毒有害物质

根据《重点监管单位土壤污染隐患排查指南（试行）》，有毒有害物质指的是：

①列入《中华人民共和国水污染防治法》规定的有毒有害水污染物名录的污染物；

②列入《中华人民共和国大气污染防治法》规定的有毒有害大气污染物名录的污染物；

③《中华人民共和国固体废物污染环境防治法》规定的危险废物；

④国家和地方建设用地土壤污染风险管控标准管控的污染物；

⑤列入优先控制化学品名录内的物质；

⑥其他根据国家法律法规有关规定应当纳入有毒有害物质管理的物质。

根据有毒有害物质名录及企业产排污情况，项目涉及的有毒有害物质包括重金属和无机物类、二噁英类、石油烃类等。

其中，重金属和无机物类汞、镉、铊、锑、砷、铅、铬、铜、锰、镍主要来源于生活垃圾焚烧过程中的烟气、飞灰、废布袋等，以及渗滤液处理过程中的污泥等。

二噁英类主要来源于生活垃圾焚烧过程中的烟气、飞灰、废布袋等。

石油烃类主要来源于设备检修过程中的矿物油泄漏等。

（4）历史土壤环境监测信息

项目自立项以来，土壤环境监测时间节点见图 3-4。

由于《土壤环境质量标准》（GB 15618—1995）于 2018 年 8 月 1 日被《土壤环境质量　建设用地土壤污染风险管控标准（试行）》（GB 36600—

2018）和《土壤环境质量　农用地土壤污染风险管控标准（试行）》（GB 15618—2018）替代，因此以 2018 年 8 月为时间节点，分别说明响应检测项目和标准限值。

图 3-4　土壤环境监测时间节点

表 3-3　2018 年前的土壤检测项目及限值

污染物类型		GB 15618—1995 二级标准		
土壤 pH		＜6.5	6.5～7	＞7.5
铬	水田	≤250	≤300	≤350
砷	水田	≤30	≤25	≤20
铜	农田等	≤50	≤100	≤100
铅		≤250	≤300	≤350
汞		≤0.30	≤0.50	≤1.0
镉		≤0.30	≤0.30	≤0.60
二噁英类		参考荷兰参考值，住宅地、农用地＜100 ngTEQ/kg		

表 3-4　2018 年后的土壤检测项目及限值

序号	污染物项目	CAS 编号	筛选值 /（mg/kg）	管制值 /（mg/kg）
			第二类用地	第二类用地
重金属和无机物				
1	砷	7440-38-2	60	140
2	镉	7440-43-9	65	172
3	铬（六价）	18540-29-9	5.7	78
4	铜	7440-50-8	18 000	36 000
5	铅	7439-92-1	800	2 500
6	汞	7439-97-6	38	82
7	镍	7440-02-0	900	2 000
挥发性有机物				
8	四氯化碳	56-23-5	2.8	36
9	氯仿	67-66-3	0.9	10
10	氯甲烷	74-87-3	37	120
11	1,1- 二氯乙烷	75-34-3	9	100
12	1,2- 二氯乙烷	107-06-2	5	21
13	1,1- 二氯乙烯	75-35-4	66	200
14	顺 -1,2- 二氯乙烯	156-59-2	596	2 000
15	反 -1,2- 二氯乙烯	156-60-5	54	163
16	二氯甲烷	75-09-2	616	2 000
17	1,2- 二氯丙烷	78-87-5	5	47
18	1,1,1,2- 四氯乙烷	630-20-6	10	100
19	1,1,2,2- 四氯乙烷	79-34-5	6.8	50
20	四氯乙烯	127-18-4	53	183
21	1,1,1- 三氯乙烷	71-55-6	840	840
22	1,1,2- 三氯乙烷	79-00-5	2.8	15

续表

序号	污染物项目	CAS 编号	筛选值 / (mg/kg)	管制值 / (mg/kg)
			第二类用地	第二类用地
23	三氯乙烯	79-01-6	2.8	20
24	1,2,3-三氯丙烷	96-18-4	0.5	5
25	氯乙烯	75-01-4	0.43	4.3
26	苯	71-43-2	4	40
27	氯苯	108-90-7	270	1 000
28	1,2-二氯苯	95-50-1	560	560
29	1,4-二氯苯	106-46-7	20	200
30	乙苯	100-41-4	28	280
31	苯乙烯	100-42-5	1 290	1 290
32	甲苯	108-88-3	1 200	1 200
33	间二甲苯+对二甲苯	108-38-3、106-42-3	570	570
34	邻二甲苯	95-47-6	640	640
半挥发性有机物				
35	硝基苯	98-95-3	76	760
36	苯胺	62-53-3	260	663
37	2-氯酚	95-57-8	2 256	4 500
38	苯并[a]蒽	56-55-3	15	151
39	苯并[a]芘	50-32-8	1.5	15
40	苯并[b]荧蒽	205-99-2	15	151
41	苯并[k]荧蒽	207-08-9	151	1 500
42	䓛	218-01-9	1 293	12 900
43	二苯并[a,h]蒽	53-70-3	1.5	15
44	茚并[1,2,3-cd]芘	193-39-5	15	151
45	萘	91-20-3	70	700

（5）企业对土壤和地下水的影响途径

污染物从污染源进入土壤和地下水所经过的路径称为其污染途径，土壤和地下水污染途径是多种多样的。根据项目所处区域的地质情况，一期工程可能对土壤和地下水造成污染的途径主要有：

①污水管道、废水处理设施、储罐、事故池等输送或存储设施通过地面渗漏污染土壤和浅层地下水。

②生活垃圾及固体废物堆放场所不规范，基础防渗措施不到位，通过下渗污染土壤和浅层地下水。

③一期工程向大气排放的污染物可能由于重力沉降、雨水淋洗等作用，通过降落地面污染土壤、下渗污染浅层地下水。

根据类比调查，在装置区、管网接口等处，生产装置的开、停车及装置和管线维修时均有可能产生废水的无组织排放。一般厂区事故排放分为短期大量排放及长期少量排放两类。短期大量排放（如突发性事故引起的管线破裂或管线阻塞而造成溢流）一般能被及时发现，并可通过预设收集池回收处理，因此一般短期排放不会造成大范围的土壤地下水污染；而长期较少量排放（如各处管线无组织排放等）一般较难被发现，长期泄漏可对地下水产生一定影响。如果建设期施工质量差或建成投产后管理不善，都有可能产生废水的无组织泄漏，对土壤和地下水水质产生不利影响，特别是同一地点的连续泄漏对地下水水质的不利影响会更加严重。

3.4.1.5 重点设施、重点场所隐患排查

（1）液体储存区

项目涉及液体储存的区域包括主厂房区、污水处理设施区。主厂房区液体储存区位于化水处理、垃圾储坑和渗滤液收集池、氨水储罐等区域。污水处理设施区的液体储存设施包括污水集水井、初期雨水收集池、调节池、应急池、厌氧池、MBR生化池、膜车间药剂储存罐、污泥脱水间污水收集池等。

储罐类储存设施：化水车间和污水处理设施区的各类药剂添加罐、氨水

储罐均属于接地储罐；污水处理车间厌氧罐为离地储罐。

池体类储存设施：垃圾储坑及垃圾渗滤液收集池；污水处理站的调节池、污水集水井、初期雨水收集池、厌氧池、MBR 生化池、膜车间药剂储存罐、污泥脱水间污水收集池等。

液体储存区重点设施、场所的平面布置和清单分别见图 3-5、表 3-5。

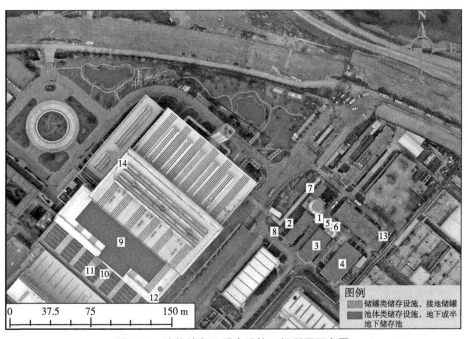

图 3-5　液体储存区重点设施、场所平面布置

表 3-5　液体储存区重点设施、场所清单

序号	设施、场所名称	类型	类别	埋深	结构
1	厌氧罐及附属传输泵	储罐类储存设施	离地储罐	0 m	钢制
2	调节池及附属传输泵	池体类储存设施	地下或半地下储存池	-1.5 m	混凝土
3	厌氧池及附属传输泵	池体类储存设施	地下或半地下储存池	-1.5 m	混凝土

续表

序号	设施、场所名称	类型	类别	埋深	结构
4	生化池及附属传输泵	池体类储存设施	地下或半地下储存池	-1.5 m	混凝土
5	硫酸储罐及附属传输泵	储罐类储存设施	接地储罐	0 m	钢制
6	盐酸储罐及附属传输泵	储罐类储存设施	接地储罐	0 m	PP 材质
7	初期雨水收集及附属传输泵	池体类储存设施	地下或半地下储存池	-2.5 m	混凝土
8	污水集水井及附属传输泵	池体类储存设施	地下或半地下储存池	-5 m	混凝土
9	垃圾储坑	池体类储存设施	地下或半地下储存池	-6 m	混凝土
10	渗滤液收集池	池体类储存设施	地下或半地下储存池	-8.5 m	混凝土
11	化水车间药剂罐及附属传输泵	储罐类储存设施	接地储罐	0 m	PP 材质
12	氨水储罐及附属传输泵	储罐类储存设施	接地储罐	0 m	钢制
13	污泥压滤液收集池	池体类储存设施	地下或半地下储存池	-2 m	混凝土
14	汽轮机间油箱及附属传输设施	储罐类储存设施	接地储罐	0 m	钢制

（2）散装液体转运与厂内运输区

散装液体转运与厂内运输指散装液体物料装卸、管道运输、导淋、传输泵。项目主要涉及液体物料装卸、管道运输、导淋、传输泵。

散装液体物料装卸主要包括氨水、化水车间化学品装卸。涉及的重点设施、场所的平面布置和清单分别见图 3-6、表 3-6。

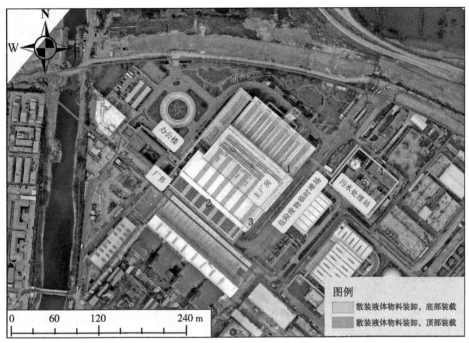

图 3-6　散装液体转运与厂内运输重点设施、场所平面布置

表 3-6　散装液体转运与厂内运输重点设施、场所清单

序号	设施、场所名称	类型	类别
1	螯合剂装卸	散装液体物料装卸	顶部装载
2	化水处理化学品装卸	散装液体物料装卸	顶部装载
3	氨水装卸	散装液体物料装卸	底部装载
4	污水处理化学品装卸	散装液体物料装卸	顶部装载
5	硫酸、盐酸装卸	散装液体物料装卸	顶部装载

（3）货物储存与运输区

项目的货物储存与运输区主要包括生活垃圾的储存与运输区。货物储存与运输区重点设施、场所的平面布置和清单分别见图 3-7、表 3-7。

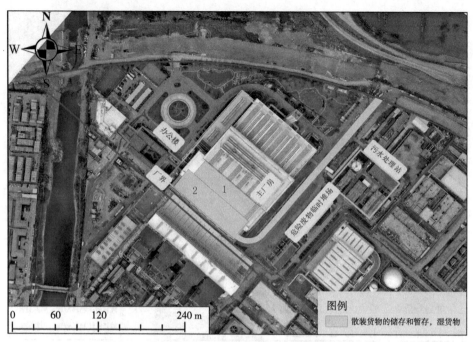

图 3-7　货物储存与运输区重点设施、场所平面布置

表 3-7　货物储存与运输区重点设施、场所清单

序号	设施、场所名称	类型	类别
1	生活垃圾储坑	散装货物的储存和暂存	湿货物的储存
2	生活垃圾运输通道	散装货物的储存和暂存	湿货物的运输

（4）生产区

项目的生产区重点设施、场所主要包括生活垃圾焚烧炉及其烟气处理系统。生产区重点设施、场所平面布置和清单分别见图 3-8、表 3-8。

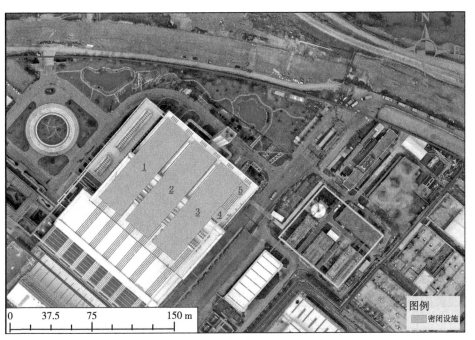

图 3-8　生产区重点设施、场所平面布置

表 3-8　生产区重点设施、场所清单

序号	设施、场所名称	类型	类别
1	1# 生活垃圾焚烧区	生产	密闭设施
2	2# 生活垃圾焚烧区	生产	密闭设施
3	3# 生活垃圾焚烧区	生产	密闭设施
4	飞灰螯合区	生产	密闭设施
5	烟气处理石灰浆罐区	生产	密闭设施

（5）其他活动区

项目涉及的其他活动区包括炉渣坑、危险废物临时堆场、渗滤液输送管道、分析化验室。其他活动区的重点设施、场所平面布置和清单分别见图 3-9、表 3-9。

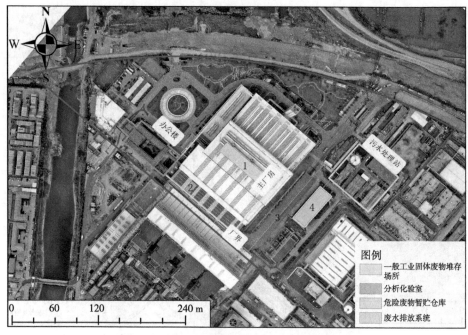

图3-9 其他活动区重点设施、场所平面布置

表3-9 其他活动区重点设施、场所清单

序号	设施、场所名称	类型	类别
1	炉渣坑	其他活动	一般工业固体废物堆存场所
2	分析化验室	其他活动	分析化验室
3	渗滤液输送管道	其他活动	废水排放系统
4	危险废物临时堆场	其他活动	危险废物暂存仓库

（6）重点监测单元识别与分类汇总

结合重点设施、场所排查清单，依据《工业企业土壤和地下水自行监测技术指南（试行）》（HJ 1209—2021），将项目的重点监测单元划分为4个，其中重点监测单元A为主厂房垃圾储坑、渗滤液收集池、分析化验室、化水车间，重点监测单元B为污水处理站区域，重点监测单元C为危险废物临时堆场区域，重点监测单元D为飞灰固化区域、石灰浆液区域、烟气处理区域。具体见表3-10、图3-10。

表 3-10　重点监测单元清单

名称	单元内需要监测的重点设施、场所名称	功能	涉及有毒有害物质清单	关注污染物	是否为隐蔽性设施	单元类别	对应的监测点位
重点监测单元 A	渗滤液收集池	液体储存		土壤: pH, 砷、汞、镉、铬(六价)、铜、镍、铅、钴、锰、铊、锑、二噁英类、石油烃(C₁₀~C₄₀)。地下水: pH、氟化物、砷、汞、镉、铬(六价)、铜、镍、铅、钴、锰、铊、锑、石油烃类	是	一类监测单元	地下水: 渗滤液收集池下游监测点。表层土壤: 地下水监测井附近
	垃圾储坑及渗滤液收集池	液体储存	生活垃圾渗滤液		是		
	渗滤液输送管道	其他活动			是		
	生活垃圾储坑	货物储存与传输			是		
	化水车间药剂区	液体储存	氢氧化钠、盐酸		否		
	化水处理化学品装卸	散装液体转运与厂内运输	氢氧化钠、盐酸		否		
	氨水储罐	液体储存	氨水		否		
	氨水装卸	散装液体转运与厂内运输	氨水		否		
	分析化验室	其他活动	重金属		否		
重点监测单元 B	调节池	液体储存		总硬度、溶解性总固体、高锰酸盐指数、氨氮、硝酸盐、亚硝酸盐、硫酸盐、氯化物、挥发性酚类、氰化物、铁、锌、粪大肠菌群	是	一类监测单元	地下水: 污水处理站下游监测点。表层土壤: 调节池附近土壤裸露处
	硫酸储罐	液体储存			否		
	盐酸储罐	液体储存			否		
	初期雨水收集	液体储存	生活垃圾渗滤液		是		
	污水集水井	液体储存			是		
	调节池	液体储存			是		
	厌氧池	液体储存			是		

续表

名称	单元内需要监测的重点设施、场所名称	功能	涉及有毒有害物质清单	关注污染物	是否为隐蔽性设施	单元类别	对应的监测点位
重点监测单元 B	生化池	液体储存	生活垃圾		是	一类监测单元	地下水：污水处理站下游监测点。表层土壤：调节池附近土壤裸露处
	污泥压滤液收集池	液体储存	渗滤液		是		
	污水处理化学品装卸	散装液体转运与厂内运输	氢氧化钠、盐酸		否		
	螯合剂装卸	散装液体转运与厂内运输	螯合剂		否		
重点监测单元 C	1#生活垃圾焚烧区	生产	飞灰		否	二类监测单元	表层土壤：螯合车间外土壤裸露处
	2#生活垃圾焚烧区	生产	飞灰		否		
	3#生活垃圾焚烧区	生产	飞灰		否		
	飞灰螯合区	生产	飞灰		否		
	烟气处理石灰浆罐区	生产	石灰		否		
	生活垃圾运输通道	散装液体转运与厂内运输	渗滤液		否		
重点监测单元 D	危险废物临时堆场	其他活动	飞灰		否	一类监测单元	地下水：危险废物临时堆场下游监测点。表层土壤：危险废物临时堆场附近土壤裸露处
	炉渣坑	其他活动	炉渣		是		

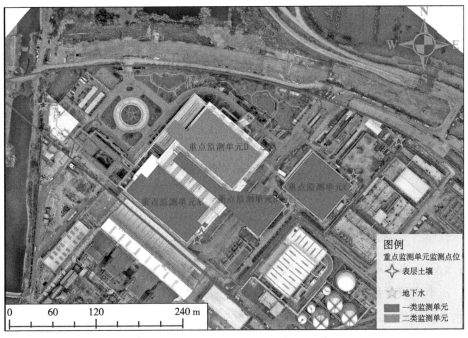

图 3-10　重点监测单元及监测点位平面布置

（7）重点关注污染物

根据项目环境影响评价报告书、《排污单位自行监测技术指南　固体废物焚烧》（HJ 1205—2021）、《土壤环境质量　建设用地土壤污染风险管控标准（试行）》（GB 36600—2018）、《工业企业土壤和地下水自行监测技术指南（试行）》（HJ 1209—2021）等规范要求，主要关注污染物见表 3-11、表 3-12。

表 3-11　土壤关注污染物

序号	监测项目类别	项目类型	监测项目
1	理化指标	特征污染物	pH、氟化物
2	重金属和无机物类	特征污染物	砷、汞、镉、铜、镍、铅、铬（六价）、锑、铊、钴、锰
3	二噁英类	特征污染物	二噁英类
4	石油烃类	特征污染物	石油烃（$C_{10} \sim C_{40}$）

表 3-12　地下水关注污染物

序号	监测项目类别	项目类型	监测项目
1	理化指标	特征污染物	pH、氟化物
2	重金属和无机物类	特征污染物	砷、汞、镉、铜、镍、铅、铬（六价）、锑、铊、钴、锰
3	石油类	特征污染物	石油类
4	地下水指标	GB 14848 常规指标	总硬度、溶解性总固体、高锰酸盐指数、氨氮、硝酸盐、亚硝酸盐、硫酸盐、氯化物、挥发性酚类、氰化物、铁、锌、粪大肠菌群

3.4.1.6　土壤监测点位布设及采样

（1）点位布设原则

本次仅开展土壤环境监测。监测布点原则为满足《工业企业土壤和地下水自行监测技术指南（试行）》（HJ 1209—2021）、《排污单位自行监测技术指南　固体废物焚烧》（HJ 1205—2021）土壤环境的监测要求，同时兼顾重点行业企业土壤污染状况调查、建设用地土壤污染状况调查相关技术要求，结合土壤污染状况调查相关经验，采用专业判断法和分区布点法在厂内各区域进行采样点的布设。

监测点位的布设遵循不影响企业正常生产且不造成安全隐患与二次污染的原则。

点位尽量接近重点监测单元内存在土壤污染隐患的重点设施、场所；重点设施、场所占地面积较大时，尽量接近该设施或场所内最有可能受到污染物渗漏、流失、扬散等途径影响的隐患点。

（2）点位布设方案

本次拟设 8 个土壤环境监测点位，其中背景点为 2 个，布设在厂界西北6 km 的某山体，其他点位分别布设在渗滤液池下游、渗滤液输送管道侧、危险废物临时堆场下游、污水处理站下游、厂区下游、厂区非重点区域。

监测点位平面布置见图 3-11。

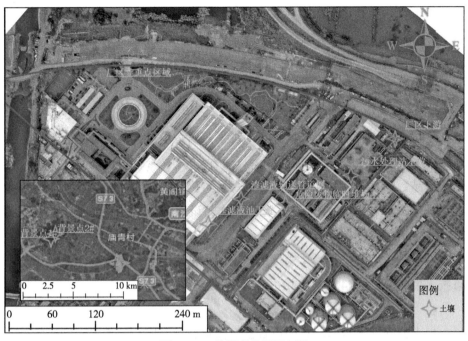

图 3-11　监测点位平面布置

1）渗滤液池下游监测点

渗滤液池下游监测点的设置是对垃圾储坑、渗滤液收集池等重点设施所在的重点场所开展隐患排查。

采样深度及采样位置：采样深度参考《建设用地土壤污染防治　第 1 部分：污染状况调查技术规范》（DB4401/T 102.1—2020），设置为 11 m［约为渗滤液池底深度（8.5 m）加 3 m］；样品数量参考《重点行业企业用地调查疑似污染地块布点技术规定（试行）》，设置 4 个采样位置，分别为表层、地下水水位线附近、快筛浓度最大层以及底层。

2）渗滤液输送管道侧监测点

渗滤液输送管道侧监测点的设置是对垃圾渗滤液输送管道（最大埋深约 3 m）所在重点场所开展隐患排查。

样品数量：土壤柱状样品采样数量参考《重点行业企业用地调查疑似污染地块布点技术规定（试行）》的要求，设置 2 个采样位置，分别为表层

（0～50 cm）、快筛浓度最大层。

最大采样深度：最大采样深度参考《建设用地土壤污染防治 第1部分：污染状况调查技术规范》（DB4401/T 102.1—2020），设置为渗滤液输送管道最大埋深加3 m，设置为6 m。

3）危险废物临时堆场下游监测点

危险废物临时堆场下游监测点的设置是对危险废物临时堆场等重点设施所在的重点场所开展隐患排查。

样品数量：土壤柱状样品采样数量参考《重点行业企业用地调查疑似污染地块布点技术规定（试行）》的要求，设置3个采样位置，分别为表层（0～50 cm）、快筛浓度最大层、底层（5～6 m）。

最大采样深度：参考《建设用地土壤污染防治 第1部分：污染状况调查技术规范》（DB4401/T 102.1—2020），设置为6 m。

4）污水处理站下游监测点

污水处理站下游监测点的设置是对污水处理站所在的重点区域开展土壤污染隐患排查。

样品数量：土壤柱状样品采样数量参考《重点行业企业用地调查疑似污染地块布点技术规定（试行）》的要求，设置3个采样位置，分别为表层（0～50 cm）、快筛浓度最大层、底层（5～6 m）。

最大采样深度：最大采样深度参考《建设用地土壤污染防治 第1部分：污染状况调查技术规范》（DB4401/T 102.1—2020），设置为污水处理站各主要池体最大深度（1.5 m）加4.5 m，即6 m。

5）厂区下游监测点

厂区下游监测点的设置是为了考察厂区下游的土壤污染状况。

样品数量：土壤柱状样品采样数量参考《重点行业企业用地调查疑似污染地块布点技术规定（试行）》的要求，设置2个采样位置，分别为表层（0～50 cm）、快筛浓度最大层。

最大采样深度：参考《建设用地土壤污染防治 第1部分：污染状况调查技术规范》（DB4401/T 102.1—2020），设置为6 m。

6）厂区非重点区域监测点

厂区非重点区域监测点的设置是为了考察厂区非重点区域的土壤污染状况。

样品数量：土壤柱状样品采样数量参考《重点行业企业用地调查疑似污染地块布点技术规定（试行）》的要求，设置 2 个采样位置，分别为表层（0～50 cm）、快筛浓度最大层。

最大采样深度：参考《建设用地土壤污染防治　第 1 部分：污染状况调查技术规范》（DB4401/T 102.1—2020），设置为 6 m。

（3）监测指标的选取

根据《土壤环境质量　建设用地土壤污染风险管控标准（试行）》（GB 36600—2018），开展 45 项必测项目的监测。根据项目环评、排污许可证和点位实际特征等，选取锑、铊、钴、锰、二噁英类、石油烃类作为特征污染物开展监测。土壤具体监测指标见表 3-13。

表 3-13　土壤具体监测指标

序号	监测项目类别	项目类型	监测项目	污染物来源
1	理化指标	选测项目	pH、水分、总有机碳、氟化物	酸碱物料使用、渗滤液、含氟塑料焚烧
2	重金属和无机物类 A	必测项目	砷、汞、镉、铜、镍、铅、铬（六价）	烟气、渗滤液、飞灰
3	重金属和无机物类 B	选测项目	锑、铊、钴、锰	烟气、渗滤液、飞灰
4	挥发性有机物	必测项目	四氯化碳、氯仿（三氯甲烷）、氯甲烷、1,1-二氯乙烷、1,2-二氯乙烷、1,1-二氯乙烯、顺-1,2-二氯乙烯、反-1,2-二氯乙烯、二氯甲烷、1,2-二氯丙烷、1,1,1,2-四氯乙烷、1,1,2,2-四氯乙烷、四氯乙烯、1,1,1-三氯乙烷、1,1,2-三氯乙烷、三氯乙烯、1,2,3-三氯丙烷、氯乙烯、苯、氯苯、1,2-二氯苯、1,4-二氯苯、乙苯、苯乙烯、甲苯、间二甲苯＋对二甲苯、邻二甲苯	渗滤液

续表

序号	监测项目类别	项目类型	监测项目	污染物来源
5	半挥发性有机物	必测项目	硝基苯、苯胺、2-氯苯酚、苯并[a]蒽、苯并[a]芘、苯并[b]荧蒽、苯并[k]荧蒽、䓛、二苯并[a,h]蒽、茚并[1,2,3-cd]芘、萘	渗滤液
6	邻苯二甲酸酯类	选测项目	邻苯二甲酸丁基苄酯、邻苯二甲酸二甲酯、邻苯二甲酸二乙酯、邻苯二甲酸二正丁酯、邻苯二甲酸二正辛酯	渗滤液
7	二噁英类	选测项目	二噁英类	烟气、飞灰
8	石油烃类	选测项目	石油烃（$C_{10}\sim C_{40}$）	检修过程中的润滑油

具体指标见下。

1）渗滤液池下游监测点

表层排查含重金属和无机物、二噁英类物质扬散和地表石油烃类渗漏。监测指标为理化指标、重金属和无机物类A、重金属和无机物类B、挥发性有机物、半挥发性有机物、石油烃类、二噁英类、邻苯二甲酸酯类。

深层样品主要排查渗滤液渗漏。监测指标为理化指标、重金属和无机物类A、重金属和无机物类B、挥发性有机物、半挥发性有机物、邻苯二甲酸酯类、石油烃类。

从可操作性和针对性原则出发，底层样品主要关注特征污染物，监测指标为理化指标、重金属和无机物类A、重金属和无机物类B、挥发性有机物、半挥发性有机物、石油烃类。

2）渗滤液输送管道侧监测点

表层排查含重金属和无机物、二噁英类物质扬散和渗滤液渗漏。监测指标为理化指标、重金属和无机物类A、重金属和无机物类B、挥发性有机物、半挥发性有机物、石油烃类、二噁英类、邻苯二甲酸酯类。

从可操作性和针对性原则出发，深层样品主要关注渗滤液渗漏，监测指标为理化指标、重金属和无机物类A、挥发性有机物、石油烃类。

3）危险废物临时堆场下游监测点

表层排查含重金属和无机物、二噁英类物质扬散。主要特征污染物为理化指标、重金属和无机物类 A、重金属和无机物类 B、挥发性有机物、半挥发性有机物、二噁英类、石油烃类。

深层样品主要排查含飞灰的冲洗废水、危险废物泄漏。监测指标为理化指标、重金属和无机物类 A、重金属和无机物类 B、挥发性有机物、半挥发性有机物、二噁英类、石油烃类。

4）污水处理站下游监测点

表层排查含重金属和无机物、二噁英类物质扬散和污水渗漏。监测指标为理化指标、重金属和无机物类 A、重金属和无机物类 B、挥发性有机物、半挥发性有机物、石油烃类、邻苯二甲酸酯类、二噁英类。

深层样品主要排查进入污水处理站的渗滤液、地面冲洗废水等的泄漏。监测指标为理化指标、重金属和无机物类 A、重金属和无机物类 B、挥发性有机物、半挥发性有机物、石油烃类、邻苯二甲酸酯类、二噁英类。

5）厂区下游监测点、厂区非重点区域监测点

表层土壤主要排查含重金属和无机物、二噁英类物质扬散。监测指标为理化指标、重金属和无机物类 A、重金属和无机物类 B、挥发性有机物、半挥发性有机物、二噁英类。

深层样品为基本项目，监测指标为理化指标、重金属和无机物类 A、挥发性有机物、半挥发性有机物。

各监测点位及监测指标见表 3-14。

表 3-14　各监测点位及监测指标一览表

点位描述	最大采样深度	样品数量	采样位置	监测项目
渗滤液池下游	11 m	4	表层（0～50 cm）	理化指标、重金属和无机物类 A、重金属和无机物类 B、挥发性有机物、半挥发性有机物、石油烃类、二噁英类、邻苯二甲酸酯类

点位描述	最大采样深度	样品数量	采样位置	监测项目
渗滤液池下游	11 m	4	地下水水位线附近	理化指标、重金属和无机物类A、重金属和无机物类B、挥发性有机物、半挥发性有机物、邻苯二甲酸酯类、石油烃类
			快筛浓度最大层	理化指标、重金属和无机物类A、重金属和无机物类B、挥发性有机物、半挥发性有机物、邻苯二甲酸酯类、石油烃类
			底层（10～11 m）	理化指标、重金属和无机物类A、重金属和无机物类B、挥发性有机物、半挥发性有机物、石油烃类
渗滤液输送管道侧	6 m	2	表层（0～50 cm）	理化指标、重金属和无机物类A、重金属和无机物类B、挥发性有机物、半挥发性有机物、石油烃类、二噁英类、邻苯二甲酸酯类
			快筛浓度最大层	理化指标、重金属和无机物类A、挥发性有机物、半挥发性有机物、石油烃类
危险废物临时堆场下游	6 m	3	表层（0～50 cm）	理化指标、重金属和无机物类A、重金属和无机物类B、挥发性有机物、半挥发性有机物、二噁英类、石油烃类
			快筛浓度最大层	理化指标、重金属和无机物类A、重金属和无机物类B、挥发性有机物、半挥发性有机物、二噁英类、石油烃类
			底层（5～6 m）	理化指标、重金属和无机物类A、重金属和无机物类B、挥发性有机物、半挥发性有机物、二噁英类、石油烃类
污水处理站下游	6 m	3	表层（0～50 cm）	理化指标、重金属和无机物类A、重金属和无机物类B、挥发性有机物、半挥发性有机物、石油烃类、邻苯二甲酸酯类、二噁英类
			快筛浓度最大层	理化指标、重金属和无机物类A、重金属和无机物类B、挥发性有机物、半挥发性有机物、石油烃类、邻苯二甲酸酯类、二噁英类

点位描述	最大采样深度	样品数量	采样位置	监测项目
污水处理站下游	6 m	3	底层（5～6 m）	理化指标、重金属和无机物类 A、重金属和无机物类 B、挥发性有机物、半挥发性有机物、石油烃类、二噁英类
厂区下游	6 m	2	表层（0～50 cm）	理化指标、重金属和无机物类 A、重金属和无机物类 B、挥发性有机物、半挥发性有机物、二噁英类
			快筛浓度最大层	理化指标、重金属和无机物类 A、挥发性有机物、半挥发性有机物
厂区非重点区域	6 m	2	表层（0～50 cm）	理化指标、重金属和无机物类 A、重金属和无机物类 B、挥发性有机物、半挥发性有机物、二噁英类、邻苯二甲酸酯类
			快筛浓度最大层	理化指标、重金属和无机物类 A、挥发性有机物、半挥发性有机物
背景点 1#	1 m	1	表层（0～50 cm）	理化指标、重金属和无机物类 A、重金属和无机物类 B、挥发性有机物、半挥发性有机物、石油烃类、二噁英类
背景点 2#	1 m	1	表层（0～50 cm）	理化指标、重金属和无机物类 A、重金属和无机物类 B、挥发性有机物、半挥发性有机物、石油烃类、二噁英类、邻苯二甲酸酯类

3.4.1.7　监测结果分析

（1）背景点监测结果

土壤背景点 2 个，样品 2 个。pH 为 5.24～8.3（量纲一），水分含量为 7.6%～14.8%，总有机碳含量为 0.11%、0.26%，氟化物含量为 724 mg/kg、749 mg/kg，砷含量为 11.7 mg/kg、21.7 mg/kg，汞含量为 0.01 mg/kg、0.018 mg/kg，镉含量为 0.2 mg/kg、0.06 mg/kg，铜含量为 22.7 mg/kg、18 mg/kg，镍含量为 8.9 mg/kg、9.6 mg/kg，铅含量为 229 mg/kg、296 mg/kg，铬（六价）含量均为 ND，锑含量为 2.1 mg/kg、6.6 mg/kg，铊含量为 2 mg/kg、0.91 mg/kg，钴

含量为 4.16 mg/kg、2.76 mg/kg，锰含量为 58.3 mg/kg、745 mg/kg，挥发性有机物、半挥发性有机物、邻苯二甲酸酯类、石油烃类含量均为 ND，二噁英类含量均为 0.7 ngTEQ/kg。

（2）厂区土壤监测结果

土壤基本理化指标点位 6 个，样品 16 个：pH 为 8.55～10.21（量纲一），水分含量为 9.5%～34%，总有机碳含量为 0.13%～1.22%，氟化物含量为 312～1 182 mg/kg。

重金属和无机物指标点位 6 个，样品 16 个，所有样品均测砷、汞、镉、铜、镍、铅、铬（六价），部分样品选测锑、铊、钴、锰。

①砷检出率为 100%，含量为 5.21～34.9 mg/kg。

②汞检出率为 100%，含量为 0.019～1.58 mg/kg。

③镉检出率为 100%，含量为 0.09～3.83 mg/kg。

④铜检出率为 100%，含量为 10.5～163 mg/kg。

⑤镍检出率为 100%，含量为 6.1～29.1 mg/kg。

⑥铅检出率为 100%，含量为 9.9～83.8 mg/kg。

⑦铬（六价）检出率为 0。

⑧锑检出率为 100%，含量为 0.4～3.5 mg/kg。

⑨铊检出率为 100%，含量为 0.33～1.69 mg/kg。

⑩钴检出率为 100%，含量为 4.29～18.2 mg/kg。

⑪锰检出率为 100%，含量为 213～730 mg/kg。

挥发性有机物指标点位 6 个，样品 16 个，所有样品均测 27 项，包括四氯化碳、氯仿（三氯甲烷）、氯甲烷、1,1- 二氯乙烷、1,2- 二氯乙烷、1,1- 二氯乙烯、顺 -1,2- 二氯乙烯、反 -1,2- 二氯乙烯、二氯甲烷、1,2- 二氯丙烷、1,1,1,2- 四氯乙烷、1,1,2,2- 四氯乙烷、四氯乙烯、1,1,1- 三氯乙烷、1,1,2- 三氯乙烷、三氯乙烯、1,2,3- 三氯丙烷、氯乙烯、苯、氯苯、1,2- 二氯苯、1,4- 二氯苯、乙苯、苯乙烯、甲苯、间二甲苯 + 对二甲苯、邻二甲苯。除 1,2- 二氯乙烷、苯、氯苯、1,4- 二氯苯、乙苯、苯乙烯、甲苯、间二甲苯 + 对二甲苯、邻二甲苯外，其他项目均未检出；1,2- 二氯乙烷、苯、氯苯、1,4-

二氯苯、乙苯、苯乙烯、甲苯、间二甲苯 + 对二甲苯、邻二甲苯检出率为
6%～12.5%。

半挥发性有机物指标点位 6 个，样品 16 个，所有样品均测硝基苯、苯
胺、2- 氯苯酚、苯并［a］蒽、苯并［a］芘、苯并［b］荧蒽、苯并［k］荧
蒽、䓛、二苯并［a,h］蒽、茚并［1,2,3-cd］芘、萘。硝基苯、苯胺、2- 氯
苯酚、二苯并［a,h］蒽、茚并［1,2,3-cd］芘均未检出，其他指标检出率为
6%～12.5%。

邻苯二甲酸酯类指标点位 4 个，样品 7 个，所有样品均测邻苯二甲酸丁
基苄酯、邻苯二甲酸二甲酯、邻苯二甲酸二乙酯、邻苯二甲酸二正丁酯、邻
苯二甲酸二正辛酯。样品监测结果均为 ND。

二噁英类指标点位 6 个，样品 10 个，监测结果为 0.6～7.2 ngTEQ/kg。

石油烃类指标点位 5 个，样品 13 个，监测结果为 ND～130 mg/kg。

（3）监测结果分析

厂区内土壤 pH 为 8.55～10.21（量纲一），土壤属碱性土壤。总有机碳含
量为 0.13%～1.22%，氟化物含量为 312～1 182 mg/kg。

所有样品的重金属和无机物指标砷、汞、镉、铜、镍、铅、铬（六价）、
锑、钴未超过《土壤环境质量　建设用地土壤污染风险管控标准（试行）》
（GB 36600—2018）中的二类用地筛选值，锰、铊含量均在背景值范围内。

所有样品的挥发性有机物指标四氯化碳、氯仿（三氯甲烷）、氯甲烷、
1,1- 二氯乙烷、1,2- 二氯乙烷、1,1- 二氯乙烯、顺 -1,2- 二氯乙烯、反 -1,2-
二氯乙烯、二氯甲烷、1,2- 二氯丙烷、1,1,1,2- 四氯乙烷、1,1,2,2- 四氯乙烷、
四氯乙烯、1,1,1- 三氯乙烷、1,1,2- 三氯乙烷、三氯乙烯、1,2,3- 三氯丙烷、
氯乙烯、苯、氯苯、1,2- 二氯苯、1,4- 二氯苯、乙苯、苯乙烯、甲苯、间二
甲苯 + 对二甲苯、邻二甲苯均未超过《土壤环境质量　建设用地土壤污染风
险管控标准（试行）》（GB 36600—2018）中的二类用地筛选值。

所有样品的半挥发性有机物指标硝基苯、苯胺、2- 氯苯酚、苯并［a］
蒽、苯并［a］芘、苯并［b］荧蒽、苯并［k］荧蒽、䓛、二苯并［a,h］蒽、
茚并［1,2,3-cd］芘、萘均未超过《土壤环境质量　建设用地土壤污染风险管

控标准（试行）》（GB 36600—2018）中的二类用地筛选值。

所有样品的邻苯二甲酸酯类指标邻苯二甲酸丁基苄酯、邻苯二甲酸二甲酯、邻苯二甲酸二乙酯、邻苯二甲酸二正丁酯、邻苯二甲酸二正辛酯均未超过《土壤环境质量　建设用地土壤污染风险管控标准（试行）》（GB 36600—2018）中的二类用地筛选值。

所有样品的石油烃类指标和二噁英类指标均未超过《土壤环境质量　建设用地土壤污染风险管控标准（试行）》（GB 36600—2018）中的二类用地筛选值。

本次监测结果表明，厂区土壤污染物指标未超过《土壤环境质量　建设用地土壤污染风险管控标准（试行）》（GB 36600—2018）中的二类用地筛选值。

3.4.1.8　结论与建议

（1）隐患排查结论

根据《重点监管单位土壤污染隐患排查指南（试行）》中的相关要求，对项目的重点设施和重点场所进行了土壤污染隐患现场排查工作。项目土壤污染主要途径为：①污水管道、废水处理设施、储罐、事故池等输送或存储设施通过地面渗漏污染土壤和浅层地下水。②生活垃圾及固体废物堆放场所不规范，基础防渗措施不到位，通过下渗污染土壤和浅层地下水。③一期工程向大气排放的污染物可能由于重力沉降、雨水淋洗等作用，通过降落地面而污染土壤、下渗污染浅层地下水。

根据现场排查结果，厂区土壤、地下水污染隐患主要是地面沉降导致地面和排水沟硬化防渗层破裂，地下管道可能产生的渗漏造成污染物通过地面渗漏土壤和浅层地下水。具体见表3-15。

（2）隐患整改方案或建议

①对本次排查出的隐患点进行整改和修复。

②完善土壤污染隐患排查制度，对容易造成土壤污染隐患的生产活动提出明确要求，落实完善厂区土壤污染隐患巡查制度，加强散装液体物料装卸管理，定期对破损的地面防渗层进行修复。

表 3-15　土壤污染隐患总结表

序号	涉及的工业活动	重点设施、场所	隐患点	整改建议
1	液体储存	厌氧罐及附属传输泵	地面沉降导致的地面混凝土破裂	定期检查、定期维护
2	液体储存	氨水储罐及附属传输泵	地面沉降导致的地面混凝土破裂	定期检查、定期维护
3	散装液体转运与厂内运输	氨水装卸	地面沉降导致的地面混凝土破裂	定期检查、定期维护
4	生产	1#生活垃圾焚烧区	地面沉降导致的地面混凝土破裂、排水沟破裂	定期检查、定期维护
5	生产	2#生活垃圾焚烧区	地面沉降导致的地面混凝土破裂、排水沟破裂	定期检查、定期维护
6	生产	3#生活垃圾焚烧区	地面沉降导致的地面混凝土破裂、排水沟破裂	定期检查、定期维护
7	其他活动	危险废物临时堆场	地面沉降导致的地面混凝土破裂	定期检查、定期维护
8	其他活动	渗滤液输送管道	无法监控地下管道是否存在渗漏	对地下管道开展改造，确保渗滤液输送管道轻微渗漏能被及时发现

③加强生产监督管理，确保操作人员遵守操作规程。执行巡检制度，发现事故隐患后及时整改。牢固树立"安全第一、预防为主、综合治理"的安全环保生产管理工作方针，切实把环保安全管理工作落到实处。

（3）土壤监测结论

本次监测结果表明，厂区土壤污染物各指标均未超过《土壤环境质量　建设用地土壤污染风险管控标准（试行）》（GB 36600—2018）中的二类用地筛选值。

3.4.2　某垃圾焚烧发电厂土壤和地下水污染隐患排查

3.4.2.1　案例概况

该项目亦位于华南地区，项目包括生活垃圾焚烧发电、炉渣综合处理、生物质处理、医疗废物处置、危险废物焚烧处置等固体废物处置设施和污水处理设施。生活废弃物总处理规模为 1.26 万 t/d，分两期规划建设，一期工程包括设计处理能力为 4 000 t/d 的热力电厂，二期工程包括设计处理能力为 4 000 t/d 的生活垃圾焚烧厂、1 260 t/d 的生物质综合处理厂（二期工程）和 1 400 m³/d 的污水处理厂（二期工程）、120 t/d 的废弃食用油脂处理项目、30 t/d（最大 45 t/d）的医疗废物协同处置设施、7.8 万 t/a 的危险废物处置项目。

为进一步加强园区土壤和地下水保护，企业在园区开展其所运营项目的土壤和地下水污染隐患排查。

3.4.2.2　案例项目概况

某环保公司是该园区的主要运营单位，运营项目包括热力电厂项目、固体资源再生中心生物质综合处理厂和污水处理厂、产业园生活垃圾应急综合处理项目、产业园生活垃圾应急综合处理项目医疗废物协同处置设施、废弃食用油脂处理项目。

（1）主要建设内容

园区的主要建设内容见表 3-16。

表 3-16　建设情况

序号	项目名称	建设内容
1	热力电厂	处理规模为 4 000 t/d（配置 6 台 750 t/d 炉排焚烧炉，4 台 25 MW 凝汽式汽轮发电机组）
2	生物质综合处理厂（二期工程）	餐饮垃圾 1 200 t/d
3	畜禽尸体预处理区	畜禽尸体 60 t/d
4	污水处理厂（二期工程）	污水处理规模 1 400 m³/d
5	生活垃圾应急综合处理项目	6 台处理能力为 900 t/d 的炉排焚烧炉，配套 3 台 50 MW 凝汽式汽轮发电机组、3 套污水处理系统

序号	项目名称	建设内容
6	医疗废物处置	处理规模为 30 t/d（最大处理规模为 45 t/d）医疗废物，配置 3 套 10 t/d（最大处理规模为 15 t/d）医疗废物高温蒸汽消毒灭菌系统
7	炉渣综合利用厂	2 150 t/d 炉渣综合利用生产线
8	废弃食用油脂处理项目	120 t/d 食用油脂处理生产线

（2）主要生产工艺流程及产排污环节

1）热力电厂

热力电厂主要由以下部分组成。

①物料收运系统：生活垃圾由密闭式垃圾运输车运入垃圾焚烧处理厂，经地衡称重后进入垃圾卸料平台，按控制系统指定的卸料门被倒入垃圾储坑内；对固体资源再生中心生物质综合处理厂经预处理筛分出来的可燃物料及沼渣，采取密封槽车运送至主厂房卸料大厅并卸入垃圾储坑内。

②垃圾储存及上料系统：为提高进炉物料的燃烧稳定性，垃圾储坑内的物料一般会放置 3～5 d，通过垃圾吊车进行翻松使垃圾成分较为均匀，同时经过发酵作用滤出部分垃圾渗滤液以提高进炉物料的热值。储坑内的垃圾物料最终由垃圾抓斗和起重机投放到炉膛上方的垃圾料斗。

③渗滤液收集系统：垃圾储坑底部外侧设有渗滤液收集池及输送泵，滤出的垃圾渗滤液经渗滤液收集池收集后通过输送泵被泵至污水处理厂的高浓度处理系统以进行处理。

④垃圾焚烧系统：垃圾料斗内的物料由炉膛推料装置送到焚烧炉中，垃圾物料在炉内依次通过炉排的干燥段、燃烧段和燃烬段，使垃圾得到充分的燃烧，不能燃烧的残渣最终经炉排推落至除渣系统。为充分分解垃圾焚烧过程中产生的二噁英，炉膛设计焚烧烟气在 850℃以上的温度区域的停留时间为 2 s。

⑤助燃空气系统：炉膛内垃圾燃烧所需的空气分为一次风和二次风补给。

一次风由一次风机直接从垃圾储坑内抽取，以便保持垃圾储坑和卸料大厅的负压状态，一次风经预热后从炉膛底部通入焚烧炉内助燃，同时将一次风中携带的恶臭气体燃烧分解；二次风从炉膛上部通入助燃。

⑥除渣系统：炉膛燃烬段下方设有出渣机，配有链板输送机，不能燃烧的残渣经炉排推落至输送机上，经除渣系统冷却后通过输送机输送至渣池，由运渣车运送至炉渣综合利用厂进行综合利用。

⑦余热利用系统：垃圾焚烧产生的高温烟气从炉膛出来后进入余热锅炉，在此发生热交换，余热锅炉吸收热量、产生中温中压过热蒸汽，蒸汽被输送至汽轮发电机组以发电。

⑧烟气净化系统：从余热锅炉排出的烟气经省煤器降温后，从半干式脱酸反应塔顶部切向进入，而碱性吸收剂从旋转雾化器内以雾滴的形式高速喷出，烟气中的酸性气体（如 HCl、SO_2 等）绝大部分被碱液吸收去除，烟气的余热则使浆液的水分蒸发，反应生成物以干态固体的形式排出。从反应塔出来的烟气经烟道进入布袋除尘器，烟道中设有活性炭喷射系统和干性脱酸药剂喷射系统，通过喷入活性炭和干性脱酸药剂，将烟气中的二噁英、重金属、残留的酸性气体等烟气污染物吸附，使其在进入布袋除尘器后在除尘器表面被拦截下来。

⑨除灰系统：余热利用系统及烟气净化系统设有除灰系统。除灰系统收集对象包括烟气通过余热锅炉区残留下来的细灰、半干式脱酸反应塔排出的反应生成物和布袋除尘器表面截留的颗粒物等。上述物质通过除灰系统收集至飞灰储仓，由密封罐车运送至飞灰固化车间进行稳定化处理，符合《生活垃圾填埋场污染控制标准》（GB 16889—2008）要求后送至某应急填埋场专区进行安全填埋处置。

⑩烟气排放段：经布袋除尘器出来的烟气通过引风机被引至烟囱进行排放。在引风机后段烟管设有烟气在线监控仪器，实时监控烟气排放浓度是否满足设计排放标准要求，在线监控设备系统与某市生态环境局联网，由生态环境主管部门实施实时监控。

热力电厂主要生产工艺流程和产排污环节详见图3-12。

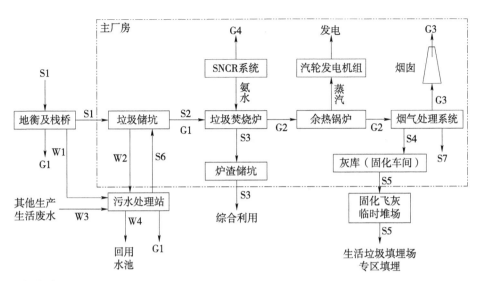

图例说明

固体：S1—原生垃圾，S2—发酵后垃圾，S3—炉渣，S4—飞灰，S5—固化飞灰，S6—污泥，S7—
　　　废布袋。

液体：W1—冲洗废水，W2—垃圾渗滤液，W3—其他生产生活废水，W4—处理达标后的回用水。

气体：G1—臭气，G2—焚烧炉烟气，G3—处理达标后的烟气，G4—逃逸氨气。

图 3-12　热力电厂主要生产工艺流程和产排污环节

2）生物质综合处理厂（二期工程）

生物质综合处理厂（二期工程）处理规模为餐饮垃圾 1 200 t/d、畜禽尸
体 60 t/d。项目主要建设内容为餐饮垃圾综合处理车间、畜禽尸体预处理车
间、厌氧发酵区等，以及相关给排水、储运、环保等配套设施。

项目平面布置见图 3-13。

生物质综合处理厂（二期工程）采用"预处理＋联合厌氧"的方式进
行处理。餐饮垃圾和畜禽尸体分别进行处理后，若满足联合厌氧的进料要
求，进入联合厌氧处理。经厌氧处理后，可有效实现有机生物质的回收，产
生大量沼气，沼气经净化后供给园区沼气利用系统利用，剩余的沼液通过沼
渣脱水工段后将沼渣分离出来，剩余的高浓度污水进入厂内配套的高浓度污
水预处理系统处理，处理后的污水进入污水处理厂（二期工程）处理。项目
主要工艺系统分为 7 个系统：餐饮垃圾预处理系统；畜禽尸体预处理系统；

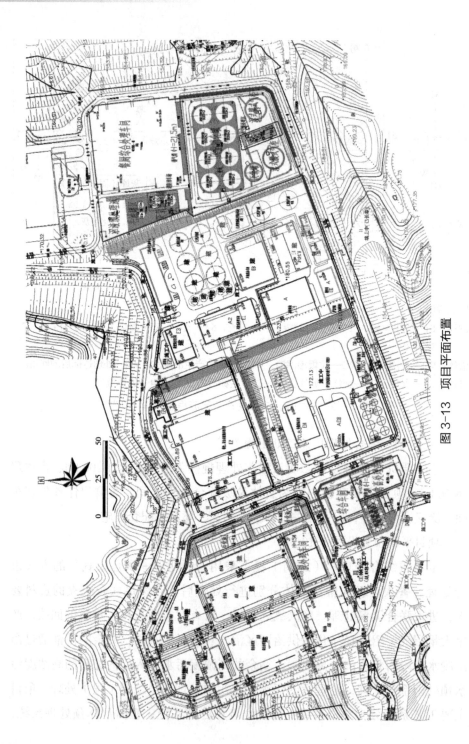

图3-13 项目平面布置

厌氧系统（联合厌氧）；沼气净化储存系统；沼渣脱水系统；高浓度污水预处理系统；除臭系统。

①餐饮垃圾预处理系统：餐饮垃圾预处理采用"投料沥水＋初次分选＋二次筛分＋破碎制浆＋蒸煮＋三级除砂除杂＋三相分离提油"的主体工艺，其中除油采用全物料提油工艺；建设内容包括投料系统、筛分系统、破碎制浆系统、除砂除杂系统、蒸煮与提油系统、液相处理及输送系统、固渣输送系统、除臭系统、电气系统、自控系统和仪表系统等。

②畜禽尸体预处理系统：畜禽尸体预处理采用"高温灭菌脱水（干法化制）＋油脂回收"工艺；处理程序为"前处理车间收料＋进料＋灭菌＋排水蒸汽＋脱水＋排料＋提油、排渣"。

③厌氧系统（联合厌氧）：厌氧消化采用"中温湿式连续厌氧消化"工艺，即在常规厌氧发酵罐内采用多混合搅拌和加温技术。预留干式厌氧用地及设计。

④沼气净化储存系统：沼气净化采用"生物脱硫＋干法脱硫"的复合工艺。

⑤沼渣脱水系统：沼渣脱水系统采用"离心脱水"工艺，产生的沼液经沼液预处理后送至园区污水处理厂（二期工程）处理。

⑥高浓度污水预处理系统：采用隔油沉淀、混凝气浮及刮渣、除油一体化（含格栅）工艺，主要功能为有效去除来水中的 SS、油脂、纤维物等。

⑦除臭系统：a. 餐饮垃圾处理区建设 2 套除臭系统，高浓度臭气、低浓度臭气分别采用 1 套"两级化学洗涤＋生物滤池"除臭工艺，每套除臭系统配套应急深度处理系统，采用"化学洗涤＋活性炭"的工艺路线；同时考虑新风处理系统。b. 畜禽尸体处理车间建设 1 套除臭系统，采用"两级化学洗涤＋生物滤池"除臭工艺，相应配套应急深度处理系统，采用"化学洗涤＋活性炭"的工艺路线；同时考虑新风处理系统。

总体工艺流程见图 3-14。

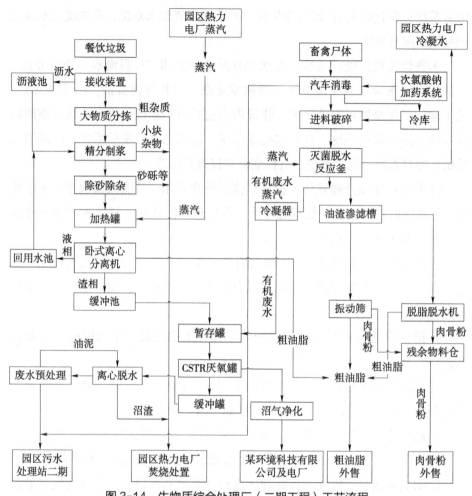

图 3-14　生物质综合处理厂（二期工程）工艺流程

3）污水处理厂（二期工程）

污水处理厂（二期工程）项目工艺流程为"预处理＋外置 MBR（二级 A/O）+NF+RO"，NF 浓缩液采用两级物料膜处理工艺，RO 浓缩液采用化学除硬＋管式软化膜＋高压膜处理工艺，减量化后剩余浓缩液依托园区内部第三资源热力电厂及生活垃圾应急综合处理项目处理。工艺流程见图 3-15。

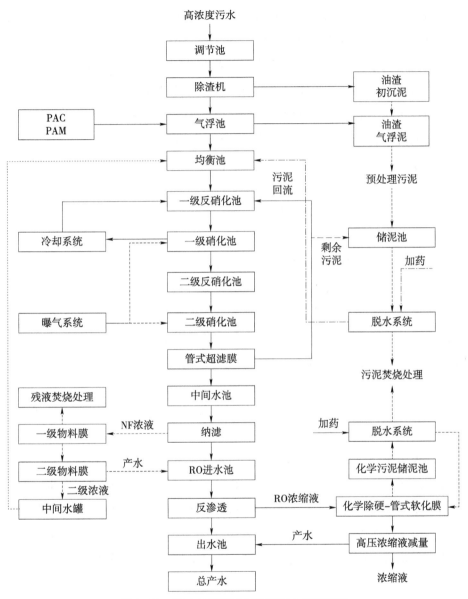

图 3-15　污水处理厂（二期工程）工艺流程

生物质综合处理厂（二期工程）厌氧消化系统产生的沼液经过预处理（除油、除悬浮物等）后，被泵送至污水处理厂（二期工程）的均衡池进行均质均量调节，然后污水被泵送至 MBR 生化系统，利用生化系统中微生物的代谢活动，去除污水中大量的 COD、BOD_5、NH_3-N、TN。超滤系统的主要功能是实现泥水分离，经超滤后的产水被泵送至纳滤系统，去除大部分二价离子和病毒，浓水则进入物料膜分离系统，分离纳滤浓液中的腐殖酸；二级物料膜产水与纳滤产水混合后进入反渗透系统，去除水中一价盐，反渗透浓液则进入再浓缩系统，对浓液进行二次分离，提升整个系统的回收率。最终，再浓缩系统的产水与反渗透产水合并后回用于生产，再浓缩系统的浓缩液再进入污水处理厂（二期工程）浓缩液处理区进行深度处理；浓缩液滤出的腐殖酸、脱水污泥（含水率为 80%）则运至热力电厂进行焚烧处置。

4）生活垃圾应急综合处理项目

生活垃圾应急综合处理项目主要建设内容包括主体工程、公辅工程和环保工程，采用焚烧发电处理方式对生活垃圾进行处置，总处理规模为日收集处理生活垃圾 4 000 t，即 146 万 t/a，项目配置 6 台处理能力为 900 t/d 的炉排焚烧炉、6 台额定连续蒸发量为 97.5 t/h 的余热锅炉、3 台 50 MW 凝汽式汽轮发电机组、3 套污水处理系统、1 座炉渣综合处理厂及其他辅助设施。生活垃圾应急综合处理项目平面布置见图 3-16。

项目整个工艺流程包括垃圾接收、焚烧及余热利用、烟气净化处理、灰渣收集处理处置、渗滤液处理等。

垃圾车从物流口进入厂区，经过地磅秤称重后进入垃圾卸料平台，将垃圾卸入垃圾储坑。储坑的垃圾通过垃圾吊车抓斗被抓到焚烧炉给料斗，经溜槽落至给料炉排，再由给料炉排均匀送入焚烧炉内燃烧。垃圾燃烧产生的高温烟气经余热锅炉冷却至 200℃后，进入烟气净化系统。余热锅炉以水为工质吸收高温烟气中的热量，产生 6.4 MPa、485℃的蒸汽，蒸汽供汽轮发电机组发电。产生的电力除供本厂使用外，多余电力送入电网。

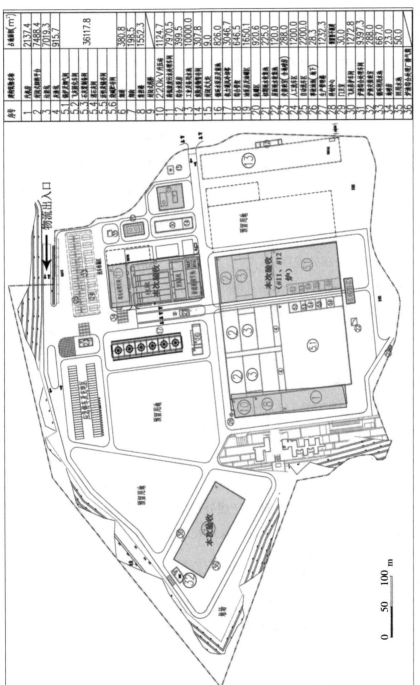

序号	建构筑物名称	占地面积(m²)
1	冷凝塔	2137.4
2	卸料及称重平台	7488.4
3	垃圾坑	7019.3
4	锅炉房	915.7
5.1	锅炉及汽机	36117.8
5.2	飞灰固化车间	
5.3	石膏制备车间	
5.4	滤液处理	
5.5	活性炭制备车间	
5.6	危废处理车间	
6	渣间	380.8
7	除臭风机房	198.5
8	综合泵站	1552.3
9	220kV升压站	1124.7
10	初期雨水及冲洗废水池	7970.5
11	零碳水泵房	399.5
12	工业及纯水处理车间	10000.0
13	危险废物暂存间	307.8
14	初期雨水池	9.0
15	储运及磅房	826.0
16	循环水处理及泵站	3046.7
17	灰/渣外运通道	646.5
18	钢渣堆场	1650.1
19	渣坑及出渣车间	920.6
20	渣堆场	225.0
21	预留用地暂存车间	120.0
22	危险固体设施	288.0
23	应急固废车间（含辅料）	1200.0
24	人工湿地区	1200.0
25	污水处理区（地下）	2200.0
26	生态保护区	28.3
27	污水处理设施	1232.3
28	预留用地	
29	门房	30.0
31	飞灰固化车间	1272.8
32	生产污水处理间	9397.3
33	循环冷却水车间	288.0
34	雨污水处理间	667.0
35	辅料间	23.0
36	厂区雨污水收集厂及泵站	50.0

图 3-16　生活垃圾应急综合处理项目平面布置图

每台焚烧炉配一套烟气净化系统，采用"SNCR 炉内脱硝＋半干法旋转喷雾脱酸＋活性炭喷射＋干法脱酸＋布袋除尘器＋湿法脱酸＋GGH 烟气换热器 +SCR 脱硝"工艺。经布袋除尘器除去烟气中的粉尘及反应产物后，符合排放标准的烟气（150℃）通过引风机被送至烟囱、排放至大气。炉渣及落渣由液压除渣机冷却后排至渣池，然后由液压抓斗起重机装卸至汽车，运到项目内的炉渣综合处理厂处理。炉渣在炉渣综合处理厂中经过破碎、筛分、磁选后形成不同粒径的骨料，再外售。除灰系统在每个反应塔及除尘器灰斗下设置刮板输灰机，将反应塔及除尘器收集下来的飞灰输送至灰仓，飞灰在项目内进行稳定化处理，运至某应急填埋场专区填埋。生活垃圾应急综合处理项目生产工艺流程见图 3-17。

5）废弃食用油脂处理项目

废弃食用油脂处理项目采用"接收＋除杂＋油脂回收与提纯"主体工艺，设计收运规模为 120 t/d。主体工程包括接收系统、除杂系统、油脂回收与提纯系统及相应设备，并配套相应的检修系统、电气系统、自控系统和仪表系统等。项目主要工程内容见表 3-17。

其平面布置见图 3-18。

废弃食用油脂处理项目设计废弃食用油脂收运处理规模为 120 t/d，其中包括潲水油、地沟油处理生产线（设置两条生产线，单条处理规模为 120 t/d，生产线一用一备，防止生产线因设备检修导致油脂无法在当日处理完成）及老油处理生产线（设置一条生产线，最大处理能力为 20 t/d，老油收运量较大时亦可利用潲水油、地沟油处理生产线处理），可按照实际收运情况进行生产线产能调配，保持总的废弃食用油脂收运处理规模不超过设计的 120 t/d。

①潲水油、地沟油生产线。

a. 收运、卸料、储存方式。

采用装载量为 3 t 的密闭罐车运载收运的潲水油、地沟油，通过罐车直接卸料至接收装置。项目不设置潲水油、地沟油暂存场所，运输车辆进场后直接卸料至接收装置。

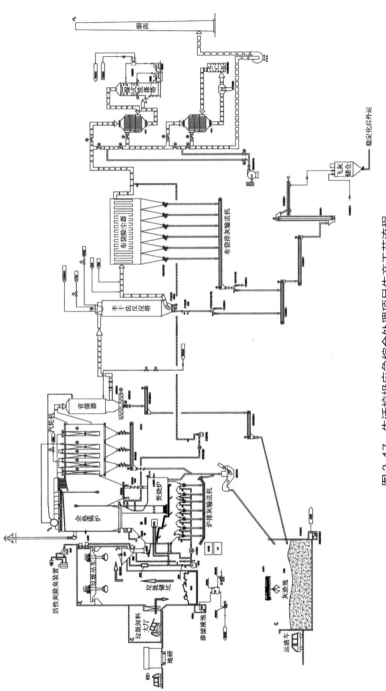

图 3-17　生活垃圾应急综合处理项目生产工艺流程

表 3-17　项目主要工程内容

工程	名称	建设内容
主体工程	废弃食用油脂处理车间	占地面积为 1 202.85 m²。主要含卸料区、出渣间、高低压配电 / MCC 间、控制室、生产辅助用房等
	室外油脂罐基础	占地面积为 237.81 m²，钢地上式，围堰三角外形
公用工程	给水	生活用水来自市政自来水，生产用水采用园区中水回用池中水
	排水	废油脂除杂提纯处理后的废水与车辆设备、车间地面冲洗废水依托生物质综合处理厂（二期工程）厌氧处理系统处理后利用，厌氧消化后的沼液由污水处理厂（二期工程）处理，生活污水及其余废油脂除杂提纯处理后的废水与车辆设备、车间地面冲洗废水依托生物质综合处理厂（二期工程）厌氧处理系统利用，厌氧消化后的沼液由污水处理厂（二期工程）处理
储运工程	油脂储存	设置 3 座室外油脂储罐，总容积为 650 m³
	硫酸储存	除臭系统设置 1 座容积为 2.5 m³ 的硫酸加药罐
环保工程	废水处理设施	废油脂除杂提纯处理后的废水进入生物质综合处理厂（二期工程）厌氧处理系统利用，厌氧消化后的沼液由污水处理厂（二期工程）处理，生活污水及其余生产废水直接依托污水处理厂（二期工程）处理。污水处理厂（二期工程）采用"预处理＋外置 MBR＋NF＋RO"组合工艺处置
	废气处理设施	恶臭污染物产生环节分类收集，并配套除臭系统，采用"两级化学洗涤＋生物滤池"组合工艺，并配套应急除臭系统，采用"化学洗涤＋活性炭吸附"工艺
	固体废物处置	废弃食用油脂除杂筛分的杂物、除臭系统废活性炭以及员工生活垃圾依托园区热力电厂焚烧处置
	初期雨水	对运输车辆易造成污染的道路和运输坡道，需设置初期雨水收集池，收集下雨初期前 15 min 的雨水。项目运输道路依托生物质综合处理厂（二期工程）畜禽尸体处理车间主要运输道路，且项目采用密闭式的收运车收运收集的废弃食用油脂，基本不会在物料运输过程跑、冒、滴、漏

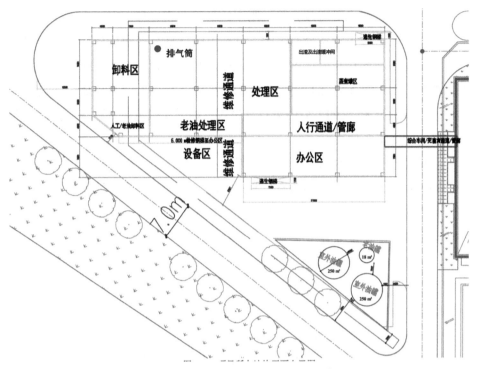

图 3-18　废弃食用油脂处理项目平面布置

b. 生产处理工序。

油脂收运车驶进处理厂卸料大厅，将原料卸入接收装置中，接收装置配有集气罩，卸料区域设有卷帘门，根据作业情况自动启闭，以控制及防止臭气扩散。接料装置具备预加热功能，通过通入蒸汽对物料进行预加热，将物料加热至 40～50℃，以使物料中的杂物和油水混合物的黏度得到一定的降低，增强流动性。

经预加热后的物料自流至初筛机内进行杂物分选，物料在重力和螺旋片的作用下做螺旋和抛物线的复合运动，在高速旋转的离心力作用下，实现物料、杂物分离，物料经筛网孔从下料口排出，而杂物从出渣口排出，完成了物料的除杂和过滤过程。分选出的杂物经螺旋片被输送至出渣间的杂物运输车并运输至园区垃圾焚烧发电厂焚烧处置。

经初筛机除杂处理后的物料进入缓存箱后，被泵入除杂分离机进行进一步除杂，除杂分离机可有效去除油脂中的细碎塑料、辣椒籽、木质纤维等轻飘物，减少对后续提油系统的影响。分选出的杂物与初筛机分离出的杂物一并由杂物运输车输送至园区垃圾焚烧发电厂焚烧处置，除杂后的物料流入水池内暂存，随后被泵入加热罐内进行加热处理，采用蒸汽直接加热方式，将物料加热升温至85～90℃后由泵将其送入三相分离机进行三相分离，得到水相、渣相和油脂3种物料。

水相经暂存、冷却后被泵去后端系统处理（与园区生物质处理厂二期项目的餐饮垃圾预处理后得到的有机浆液调配后再泵入生物质处理厂二期项目的厌氧系统联合处理）；渣相随着杂物被螺旋片输送至出渣间的杂物运输车并送至园区电厂焚烧处置；油脂经油脂暂存箱暂存后被泵入室外储油罐储存，最终作为生产洗衣粉、肥皂、油酸、硬脂酸、甘油、混凝土制品脱模剂、锂基润滑脂、生物柴油等产品的原料外售。

②老油生产线。

a. 运输、卸料、储存方式。

采用200 L密封塑料储桶储存收运的老油，通过密闭设计的专用废弃油脂运输车辆进行运载，运输车辆驶入卸料大厅后，通过叉车卸料至接收装置。项目收运的老油由密封塑料储桶储存，可暂存于卸料大厅，分批次卸料至接收装置，当日处理完成。

b. 生产处理工序。

由于从老油成分可以看出，老油含油脂量较潲水油、地沟油高，水分及固体杂质含量较低，因而在生产工艺上可相对简化其除杂工序。老油卸料至接收装置后，油品被直接输送至沉降罐；由于密度不同，细微轻飘物、油脂与液相在沉降罐静置分层，对固渣（油脂中的细碎塑料、辣椒籽、木质纤维等轻飘物）、油脂以及液相进行分离。分离出的固渣与潲水油、地沟油生产线分离，由杂物运输车输送至园区垃圾焚烧发电厂焚烧处置；液相与潲水油、地沟油生产线分离的液相进入生物质综合处理厂（二期工程）厌氧系统进行厌氧消化处理；粗油脂被泵入室外储油罐储存，最终作为生产洗衣粉、肥皂、油酸、硬脂酸、甘油、混凝土制品脱模剂、锂基润滑脂、生物柴油等产品的原料外售。

（3）涉及的有毒有害物质

根据《重点监管单位土壤污染隐患排查指南（试行）》，有毒有害物质指的是：

①列入《中华人民共和国水污染防治法》规定的有毒有害水污染物名录的污染物；

②列入《中华人民共和国大气污染防治法》规定的有毒有害大气污染物名录的污染物；

③《中华人民共和国固体废物污染环境防治法》规定的危险废物；

④国家和地方建设用地土壤污染风险管控标准管控的污染物；

⑤列入优先控制化学品名录内的物质；

⑥其他根据国家法律法规有关规定应当纳入有毒有害物质管理的物质。

根据有毒有害物质名录及企业产排污情况，项目涉及的有毒有害物质包括重金属和无机物类、二噁英类、石油烃类等。

其中，重金属和无机物类汞、镉、铊、锑、砷、铅、铬（六价）、铜、锰、镍主要来源于生活垃圾焚烧过程中的烟气、飞灰、废布袋等，以及渗滤液处理过程中的污泥等。

3.4.2.3　重点设施、重点场所隐患排查

对涉及液体储存、散装液体转运与厂内运输、货物储存与传输、生产等工业活动和其他相关场所、设施开展排查和确定。考虑到园区项目较多，本研究仅以有代表性的热力电厂为例，论述具体重点设施、重点场所隐患排查内容，其他项目参考热力电厂项目。

液体储存包括地下储罐、接地储罐、离地储罐、废水暂存池、污水处理池、初期雨水收集池。

散装液体转运与厂内运输包括散装液体物料装卸、管道运输、导淋、传输泵。

货物储存与传输包括散装货物储存和暂存、散装货物传输、包装货物储

存和暂存、开放式装卸。

生产活动涉及的重点设施指项目生产装置区的设备。

其他相关场所、设施等包括废水排水系统、应急收集设施、车间操作活动、分析化验室、一般工业固体废物贮存场、危险废物贮存库。

（1）液体储存区

涉及液体储存的区域包括主厂房区。

主厂房区液体储存区位于化水车间、垃圾储坑、渗滤液收集池、烟气处理设施区。

储罐类储存设施：化水车间药剂罐、烟气处理区碱罐、飞灰固化车间药剂罐、油罐区油罐。

池体类储存设施：垃圾储坑和垃圾渗滤液收集池、初期雨水收集池、污水集水井等。

液体储存区重点设施、场所的清单见表3-18。

表3-18　液体储存区重点设施、场所清单

序号	设施、场所名称	类型	类别	埋深	结构
1	渗滤液收集池（南）	池体类储存设施	地下或半地下储存池	−7.5 m	混凝土
2	渗滤液收集池（北）	池体类储存设施	地下或半地下储存池	−7.5 m	混凝土
3	垃圾储坑（南）	池体类储存设施	地下或半地下储存池	0 m	混凝土
4	垃圾储坑（北）	池体类储存设施	地下或半地下储存池	0 m	混凝土
5	油罐1	储罐类储存设施	接地储罐	−3 m	碳钢 Q235B
6	油罐2	储罐类储存设施	接地储罐	−2 m	碳钢 Q235B
7	初期雨水收集池	池体类储存设施	地下或半地下储存池	0 m	混凝土
8	集水井	池体类储存设施	地下或半地下储存池	0 m	混凝土
9	碱罐（南）	储罐类储存设施	接地储罐	0 m	PE 材质
10	碱罐（北）	储罐类储存设施	接地储罐	−6 m	PE 材质
11	化水车间加药罐区	储罐类储存设施	接地储罐	0 m	PE 材质
12	汽轮机间油箱（南）	储罐类储存设施	离地储罐	0 m	钢制

序号	设施、场所名称	类型	类别	埋深	结构
13	汽轮机间油箱（北）	储罐类储存设施	离地储罐	0 m	钢制
14	事故油池（一期）	储罐类储存设施	地下或半地下储罐	−3 m	混凝土
15	屋面雨水收集池	池体类储存设施	地下或半地下储存池	−3 m	混凝土

（2）散状液体转运与厂内运输区

散装液体转运与厂内运输指散装液体物料装卸、管道运输、导淋、传输泵。热力电厂主要涉及液体物料装卸、管道运输、导淋、传输泵。

散装液体物料装卸主要包括化水车间化学品装卸、烟气处理车间碱液装卸、油罐区油品装卸。涉及的重点设施、场所的清单见表 3-19。

表 3-19　散状液体转运与厂内运输重点设施、场所清单

序号	设施、场所名称	类型	类别
1	油罐区油品装卸	散装液体物料装卸	底部装载
2	烟气碱液装卸（北）	散装液体物料装卸	顶部装载
3	烟气碱液装卸（南）	散装液体物料装卸	顶部装载
4	化水处理化学品装卸	散装液体物料装卸	顶部装载

（3）货物储存与运输区

热力电厂的货物储存与运输区主要包括生活垃圾储存与运输区。货物储存与运输区的重点设施、场所清单见表 3-20。

表 3-20　货物储存与运输区重点设施、场所清单

序号	设施、场所名称	类型	类别
1	生活垃圾储坑（北）	散装货物的储存和暂存	湿货物的储存
2	生活垃圾储坑（南）	散装货物的储存和暂存	湿货物的储存
3	生活垃圾、生物质和炉渣等的运输道路	散装货物的储存和暂存	湿货物的运输

（4）生产区

项目生产区的重点设施、场所主要包括生活垃圾焚烧炉及其烟气处理系统。生产区重点设施、场所清单见表 3-21。

表 3-21　生产区重点设施、场所清单

序号	设施、场所名称	类型	类别
1	烟气处理环保耗材区（南）	生产	密闭设施
2	飞灰固化车间（南）	生产	密闭设施
3	飞灰固化车间（北）	生产	密闭设施
4	烟气处理环保耗材区（北）	生产	密闭设施
5	1# 生活垃圾焚烧区	生产	密闭设施
6	2# 生活垃圾焚烧区	生产	密闭设施
7	3# 生活垃圾焚烧区	生产	密闭设施
8	4# 生活垃圾焚烧区	生产	密闭设施
9	5# 生活垃圾焚烧区	生产	密闭设施
10	6# 生活垃圾焚烧区	生产	密闭设施

（5）其他活动区

项目涉及的其他活动区包括炉渣坑、危险废物暂存仓、渗滤液输送管道、分析化验室、综合管沟。其他活动区的重点设施、场所清单见表 3-22。

表 3-22　其他活动区重点设施、场所清单

序号	设施、场所名称	类型	类别
1	危险废物暂存仓	其他活动	危险废物暂存仓库
2	炉渣储坑（南）	其他活动	一般工业固体废物堆存场所
3	炉渣储坑（北）	其他活动	一般工业固体废物堆存场所
4	分析化验室	其他活动	分析化验室
5	综合管沟	其他活动	废水排水系统

3.4.2.4　结论与建议

（1）隐患排查主要结论

根据《重点监管单位土壤污染隐患排查指南（试行）》中的相关要求，对重点设施和重点场所进行了土壤污染隐患现场排查工作。项目土壤和地下水污染主要途径包括：①污水管道、废水处理设施、储罐、事故池等输送或存储设施通过地面渗漏污染土壤和浅层地下水。②生活垃圾及固体废物堆放场所不规范，基础防渗措施不到位，通过下渗污染土壤和浅层地下水。③向大气排放的污染物可能由于重力沉降、雨水淋洗等作用，通过降落地面而污染土壤、下渗污染浅层地下水。

根据现场排查结果，存在的隐患见表 3-23。

表 3-23　土壤和地下水污染隐患总结表

序号	项目名称	涉及的工业活动	重点设施、场所	隐患点	整改建议
1	热力电厂	液体储存	碱罐 1 及附属传输泵	无阻隔设施	增加阻隔设施
2		液体储存	碱罐 2 及附属传输泵		
3		散装液体转运与厂内运输	油罐区油品装卸	装卸口未设围堰	增设围堰
4		散装液体转运与厂内运输	烟气碱液装卸（北）	装卸口未设围堰	增设围堰
5		散装液体转运与厂内运输	烟气碱液装卸（南）	装卸口未设围堰	增设围堰
6	生活垃圾应急综合处理项目	散装液体转运与厂内运输	柴油装卸区	未设普通阻隔设施	设置普通阻隔设施

（2）隐患整改方案或建议

①对本次排查出的隐患点进行整改。

②完善土壤污染隐患排查制度，对容易造成土壤和地下水污染隐患的生产活动提出明确要求，落实完善厂区土壤和地下水污染隐患巡查制度，加强散装液体物料装卸管理，定期对破损的地面防渗层开展修复。

③加强生产监督管理，确保操作人员遵守操作规程。执行巡检制度，发现事故隐患后及时整改。牢固树立"安全第一、预防为主、综合治理"的安全环保生产管理工作方针，切实把环保安全管理工作落到实处。

（3）对土壤和地下水自行监测工作的建议

根据重点设施完成重点监测单元识别与分类，结合历史土壤和地下水监测结果、园区内其他污染企业情况等制定土壤和地下水自行监测方案。

根据自行监测方案及已有的土壤和地下水监测点位，新建或调整监测点位。根据土壤和地下水监测方案定期开展监测和数据分析。

第 4 章

智慧管理技术在生活垃圾焚烧设施环境风险管理中的应用

4.1　在线监测技术的应用

在线监测技术具有检测速度快、避免取样和前处理、原位无损检测、自动化和智能化等特征，能够提供快速、精确、实时的检测结果，帮助企业减少成本、提高效率、优化环境风险管理策略、实现智能化。在环境风险管理领域，生活垃圾焚烧设施广泛运用的在线监测技术主要包括焚烧炉炉膛温度检测技术、厂界恶臭和噪声检测技术、运行状态检测技术等。

焚烧炉炉膛温度检测技术：在焚烧炉中安装温度传感器，实时监测焚烧炉内的温度变化。该技术可以帮助控制系统监控和调节焚烧过程，确保温度在适宜范围内，提高焚烧效率，并减少二噁英等有害物质的生成。

厂界恶臭和噪声检测技术：在生活垃圾焚烧厂厂界安装硫化氢、氨等气味物质的传感器。通过实时监测气味物质的浓度，控制系统可以及时调整垃圾库、卸料大厅和渗滤液处理设施的管理方式，减少恶臭气体的排放。安装噪声传感器可以监测焚烧厂周围环境的噪声水平。这有助于控制系统实时调整噪声源的控制措施，保障周边居民的生活环境质量。

运行状态检测技术：在焚烧设施和烟气处理设施上安装运行状态传感器，可以实时监测焚烧设备（如风机、排灰系统、喷雾器、活性炭喷射系统、布袋系统等）的运行状态。这有助于及时发现和解决设备故障，减少停机和维修时间，提高设备的可靠性和运行效率，降低环境风险。

4.2　大数据分析平台在环境风险监测中的作用

随着在线监测技术的应用，生活垃圾焚烧厂收集了大量的数据，需要用大数据分析平台开展统计和分析。大数据分析平台在环境风险监测中起着关键的作用。大数据分析平台能够帮助实时监测环境状况，发现潜在风险，预测未来趋势，并为决策制定提供有效的支持。这将有助于生活垃圾焚烧厂改善环境管理、降低环境风险。大数据分析平台在环境风险监测中的作用主要包括数据收集和整合、数据分析和挖掘、风险评估和预测、实时监测和警报。

数据收集和整合：大数据分析平台可以帮助收集并整合来自各种传感器、监测设备和其他数据源的大量环境数据。这些数据包括气象数据、空气质量数据、水质数据、土壤数据等。大数据分析平台将这些数据汇总，建立起一个全面的环境数据库。

数据分析和挖掘：大数据分析平台通过应用数据分析和挖掘技术，能够从海量的环境数据中发现隐藏的模式、关联和异常，也可以检测出环境风险的早期预警信号、发现环境污染源和热点区域，以及分析环境变化趋势。

风险评估和预测：基于大数据分析平台提供的环境数据和模型，可以进行风险评估和预测。通过分析现有数据和历史数据，可以评估环境风险的潜在影响，并预测未来可能出现的风险情况。这有助于制定有针对性的应对措施和决策。

实时监测和警报：大数据分析平台可以提供实时的环境监测和警报功能。通过与传感器等设备的接口，大数据分析平台可以实时采集环境数据，快速分析并生成警报。这有助于快速响应环境变化，并采取适当的措施进行干预。

4.3　基于智能算法的环境风险预警方法

基于智能算法的环境风险预警方法利用人工智能和数据分析技术，通过对环境数据的智能处理和分析，提前发现和预警潜在的环境风险。目前，生活垃圾焚烧厂用于环境风险管理的常见方法包括数据挖掘和机器学习、基于传感器网络的实时监测和预警、综合评价和多指标分析、时间序列分析、智能规则引擎等。

数据挖掘和机器学习：利用数据挖掘和机器学习算法，从大量的环境监测数据中挖掘潜在的模式、趋势和异常信号。基于这些模式和趋势，可以建立预测模型，进行环境风险的预测和预警。

基于传感器网络的实时监测和预警：通过布置环境传感器网络，实时采集各种环境参数的数据，并利用智能算法进行实时分析。当环境参数超过预先设定的阈值或出现异常情况时，系统可以发出预警信号，及时采取措施应对风险。

综合评价和多指标分析：利用智能算法对多种环境指标进行综合评价和分析，以综合评估环境风险的程度。基于综合评估结果，可以进行精准的环境风险预警，包括针对特定区域、特定污染源等的预警。

时间序列分析：通过对环境数据进行时间序列分析，探测环境风险的周期性和趋势性变化。基于时间序列模型，可以进行长期和短期的环境风险预测，为环境管理提供有力支持。

智能规则引擎：建立智能规则引擎，通过设定一系列默认规则和用户设定的规则，对环境监测数据进行实时监控和分析。当触发特定规则时，系统可以发出预警并推送相关信息给相关人员。

这些基于智能算法的环境风险预警方法可以提高环境风险的预警准确性和响应速度，帮助及早发现潜在风险，及时采取措施进行环境风险管理。

4.4　智能技术在环境风险管控中的应用案例

近年来，研究人员在生活垃圾焚烧设施二噁英防控和软测量方面开展了诸多研究。结果表明，在生活垃圾焚烧过程中，二噁英主要在烟气降温区间生成（400～200℃），二噁英的生成机理包括高温气相生成、从头合成（de novo）和前驱物生成 3 种，其中从头合成和前驱物生成占主导地位。在二噁英的排放与预测方面，研究人员发现，其排放量主要与生活垃圾成分、燃烧状态和烟道活性炭喷射等因素密切相关，而且研究人员采用随机森林法、人工神经网络和支持向量机回归算法等构建了二噁英排放的预测模型，但仍然很难为实时调控二噁英的排放提供科学支持。

针对如何通过实时调控运行参数实现二噁英减排的问题，以华南地区某生活垃圾焚烧发电厂为研究对象，通过分析焚烧系统各种运行状态下的炉内特征、二噁英和常规大气污染物的排放特征，阐明二噁英的生成机理及其调控方案，以期为优化焚烧过程和降低二噁英排放提供参考。

4.4.1 材料与方法

4.4.1.1 数据来源与预处理

某生活垃圾焚烧发电厂 3 台生活垃圾焚烧炉（1# 炉、2# 炉、3# 炉）型号一致，均为机械炉排炉。烟气处理工艺均为"SNCR+半干法（干法）脱酸＋活性炭喷射＋布袋除尘"，烟气处理设施的厂家和型号均一致。这 3 台生活垃圾焚烧炉同时建成、同时投入运行，截至 2022 年均已正常运行 5 年。

数据收集时间为 2019 年 1 月至 2021 年 12 月，数据采集期间该厂焚烧处置的对象仅为服务区内的生活垃圾。在线监测数据数量为 72 268 条，其中 1# 炉 24 684 条、2# 炉 24 047 条、3# 炉 23 537 条；在线监测数据包括常规污染物（颗粒物、SO_2、NO_x、HCl、CO 小时均值）和烟气参数（烟气流量、烟气含氧量、烟气温度、烟气压力、烟气湿度小时均值），共计 10 种。剔除在线监测设备维护、启炉和停炉等异常时段的数据后，对其余数据进行统计分析。二噁英的采样频率为每季度 1 次，每次每台炉采集烟气样品 3 个，共计 108 个样品。所有样品的采样位置均为烟囱取样口。

4.4.1.2 监测方法

颗粒物监测设备［LSS2004 型，安荣信（北京）科技有限公司］的监测原理为激光后向散射法。SO_2、NO_x、HCl、CO、烟气湿度监测设备（MBGAS—3000 型，ABB Inc. Measurement & Analytics）的监测原理为傅里叶红外光谱法。烟气温度、烟气流速、烟气压力监测设备（PT-1D，重庆川仪分析仪器有限公司）的监测原理为铂电阻法和皮托管原理。烟气含氧量监测设备（GMS10，重庆川仪分析仪器有限公司）的监测原理为氧化锆法。二噁英数据来源于经过计量认证的第三方检测机构。

4.4.1.3 分析方法

k 均值算法是一种无须对数据进行标记即可发现数据内在统计特征的无监督学习算法。k 均值算法对给定的数据集，采用欧式距离作为相似性指标，将

数据集划分为 k 个簇（类）。聚类目标是使各类的聚类平方和最小，即最小化式（4-1）。

$$E = \sum_{i=1}^{k} \sum_{x \in A_i} \|\boldsymbol{x} - \boldsymbol{\mu}_i\|_2^2 \qquad (4\text{-}1)$$

式中：E 为均方误差，i 为聚类类别，k 为聚类类别数量，A_i 为第 i 类样本集合，$\boldsymbol{x}$ 为属于 A_i 类别的样本，$\boldsymbol{\mu}_i$ 为 A_i 的均值向量。

在本研究中，采用 Kolmogorov-Smirnov（KS）检验和 Kruskal-Wallis 非参检验完成正态分布和卡方分布拟合优度检验；采用单因素 Levene 检验完成方差齐性检验；采用 Kruskal-Wallis H 检验、Mann-Whitney U 检验完成差异检验；采用 k 均值算法挖掘焚烧炉和烟气处理设施运行状态；采用 Spearman 秩相关检验完成相关性分析；采用 bootstrap 自助法完成二噁英数据的均值估计。

k 均值算法和统计检验采用 Python 语言和 SciPy 1.7.3 统计包、sklearn 1.1.1 机器学习库完成。

4.4.2　结果与优化控制

4.4.2.1　各焚烧炉常规污染物排放特征

用统计检验处理各焚烧炉排放的污染物质量浓度数据。Kolmogorov-Smirnov（KS）检验结果显示，各焚烧炉各常规污染物排放因子均不服从正态分布。Levene 检验显示 3 台焚烧炉排放的各项大气污染物质量浓度的方差不齐（$P < 0.05$）。Kruskal-Wallis H 检验表明各焚烧炉排放的 5 种常规污染物的质量浓度均具有显著性差异（$P < 0.05$）。由于样本数量大，常规污染物质量浓度仍采用算术均值讨论。该生活垃圾焚烧发电厂 3 台焚烧炉烟气中各常规污染物的排放特征见图 4-1。由图 4-1 可以看出，1# 炉排放的 SO_2 质量浓度最高，其平均质量浓度是 2# 炉的 2 倍、3# 炉的 1.7 倍；3 台焚烧炉排放的 NO_x 基本一致；2# 炉、3# 炉的颗粒物排放质量浓度基本一致，其平均质量浓度是 1# 炉的 1.2 倍；1# 炉排放的 HCl 质量浓度最高，其平均质量浓度是 2# 炉、3#

炉的 1.2 倍左右；1# 炉排放的 CO 质量浓度最高，是 2# 炉的 1.7 倍、3# 炉的 2.4 倍。说明在相同的生活垃圾来源、焚烧炉参数和烟气处理工艺下，各焚烧炉存在显著不同的污染物排放特征，可能与炉内状态及烟气处理设施所处的运行状态有关。比较特别的是，3 台焚烧炉排放的 NO_x 质量浓度较一致，这与文献报道的当炉内温度达到 850℃时，NO_x 的质量浓度基本不随温度的升高而变化一致。

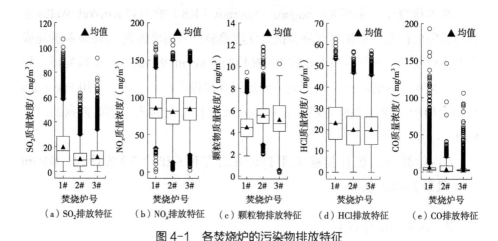

图 4-1　各焚烧炉的污染物排放特征

4.4.2.2　焚烧系统运行状态及其特征

为分析焚烧系统的运行状态，采用 k 均值算法对在线监测数据进行聚类。聚类前对数据特征进行 Z 得分标准化，采用簇内离差平方和拐点法与轮廓系数法确定最佳分类为两类，即类别 1 和类别 2，主要参数聚类结果和 Spearman 秩相关矩阵图见图 4-2。从图 4-2（a～g）可以看出，3 台焚烧炉可分为两种不同的运行状态。Levene 检验显示各特征因子在两种类别下的质量浓度方差均不齐（$P<0.05$），Mann-Whitney U 检验结果显示各特征因子在两类状态之间存在的差异具有统计学意义（$P<0.05$），说明两类状态之间差异显著。从各参数与不同类别的关系来看［见图 4-2（h）］，烟气湿度、烟气流量、烟气含氧量和类别的相关系数相对较高，分别为 -0.7、0.6、0.5

（$P < 0.05$），故三者是决定焚烧炉运行状态分类的主要参数。

根据焚烧炉燃烧运行控制原理，烟气流量是反映炉膛风量的直接指标，在实际运行过程中建议首先选取烟气流量作为炉内状态优化调整的主要指标；其次，CO 是反映炉内燃烧是否充分的指标。类别 1 状态下 CO 的排放质量浓度 $[(7 \pm 11.1)\ \text{mg/m}^3]$ 是类别 2 状态下的质量浓度 $[(3.5 \pm 3.8)\ \text{mg/m}^3]$ 的 2 倍，故可初步判定类别 1 的炉内状态较类别 2 差。结合类别 1 状态下的烟气

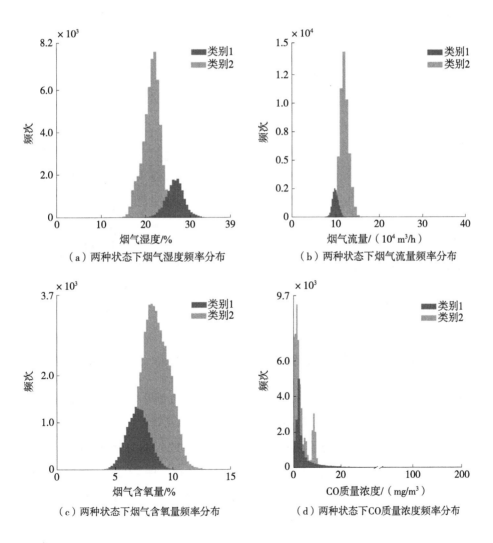

（a）两种状态下烟气湿度频率分布　　　（b）两种状态下烟气流量频率分布

（c）两种状态下烟气含氧量频率分布　　　（d）两种状态下CO质量浓度频率分布

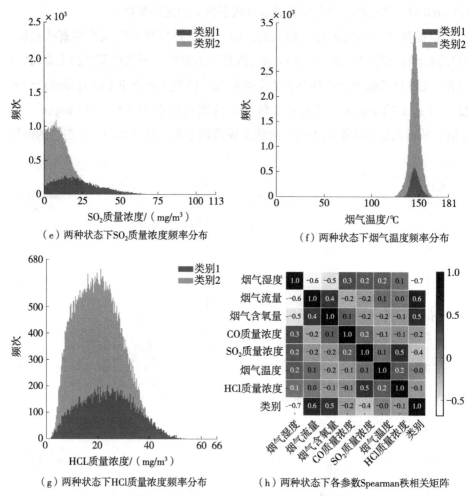

（e）两种状态下SO₂质量浓度频率分布

（f）两种状态下烟气温度频率分布

（g）两种状态下HCl质量浓度频率分布

（h）两种状态下各参数Spearman秩相关矩阵

图4-2　两种状态下主要烟气参数的频率分布和 Spearman 秩相关矩阵

流量小于类别2、两类状态下温度差异小等特征，可推断为维持焚烧系统运行温度，类别 1 状态降低了炉膛风量，导致了类别 1 较差的炉内状态。

1# 炉、2# 炉、3# 炉处于类别 1 状态下的小时数分别为 15 233 h、1 352 h、838 h。从 3 台焚烧炉在不同类别下的运行时间来看，1# 炉处于类别 1 状态下的频率明显比 2# 炉、3# 炉高，其排放的污染物质量浓度也相应较高。故焚烧炉的炉内状态是影响烟气污染物排放的重要因素。

4.4.2.3　不同运行状态下二噁英的排放特征

为进一步了解焚烧系统处于不同运行状态下其二噁英的排放特征，根据二噁英样品采样时的运行状态，将二噁英数据分为类别 1 和类别 2。考虑到二噁英的记忆效应，采样时间段前或时间段内出现两种状态时将样品归为类别 1 状态样本。类别 1 和类别 2 状态下二噁英样本数分别为 31 个和 77 个。由于二噁英数据分布存在较大的变异性，采用 Bootstrap 方法估计两种状态下二噁英的质量浓度均值。Bootstrap 样本数为原样本数的 0.9 倍，采样次数为 10 000 次，结果如表 4-1 所示。由表 4-1 可知，类别 1 状态下二噁英的质量总浓度（$\sum$PCDD/Fs，即 17 种单体的质量浓度之和）为类别 2 状态下的 1.5 倍左右，类别 1 状态下 $\sum$PCDD/Fs 的毒性当量浓度是类别 2 状态下的 1.4 倍左右。Kruskal-Wallis 非参检验结果显示各类别下 $\sum$PCDD/Fs 的质量浓度和 17 种单体的质量浓度均不服从正态分布（$P<0.05$），Mann-Whitney U 检验结果显示各类别下 $\sum$PCDD/Fs 差异显著（$P<0.05$）。

表 4-1　二噁英的质量浓度　　　　　　　　单位：ng/m^3

序号	单体名称	类别 1			类别 2		
		均值	均值 95% 置信区间	标准偏差	均值	均值 95% 置信区间	标准偏差
1	2,3,7,8-TCDF	0.004 9	0.001 8 ~ 0.010 4	0.014 2	0.002 8	0.001 9 ~ 0.003 9	0.005 1
2	1,2,3,7,8-PeCDF	0.005 8	0.002 0 ~ 0.011 5	0.015 9	0.004 6	0.002 9 ~ 0.006 5	0.008 9
3	2,3,4,7,8-PeCDF	0.009 3	0.002 9 ~ 0.020 1	0.028 6	0.006 5	0.003 8 ~ 0.009 7	0.014 9
4	1,2,3,4,7,8-HxCDF	0.008 1	0.003 4 ~ 0.014 5	0.018 4	0.006 6	0.003 6 ~ 0.010 4	0.017 3
5	1,2,3,6,7,8-HxCDF	0.007 9	0.003 4 ~ 0.014 4	0.018 3	0.006 6	0.003 9 ~ 0.010 2	0.016 0
6	2,3,4,6,7,8-HxCDF	0.010 9	0.004 2 ~ 0.020 8	0.027 4	0.008 9	0.005 0 ~ 0.013 4	0.021 3

序号	单体名称	类别1			类别2		
		均值	均值95%置信区间	标准偏差	均值	均值95%置信区间	标准偏差
7	1,2,3,7,8,9-HxCDF	0.000 5	0.000 2～0.000 8	0.001 0	0.000 5	0.000 3～0.000 7	0.000 9
8	1,2,3,4,6,7,8-HpCDF	0.024 3	0.012 1～0.039 7	0.045 2	0.024 9	0.011 3～0.043 0	0.080 7
9	1,2,3,4,7,8,9-HpCDF	0.002 6	0.001 3～0.004 0	0.004 3	0.002 8	0.001 4～0.004 6	0.008 2
10	OCDF	0.007 4	0.004 7～0.010 5	0.009 6	0.008 0	0.004 2～0.012 7	0.021 3
11	2,3,7,8-TCDD	0.000 7	0.000 2～0.001 3	0.001 7	0.000 4	0.000 2～0.000 5	0.000 6
12	1,2,3,7,8-PeCDD	0.002 1	0.000 7～0.004 2	0.005 8	0.001 2	0.000 6～0.002 0	0.003 6
13	1,2,3,4,7,8-HxCDD	0.002 2	0.000 9～0.003 6	0.004 4	0.001 5	0.000 7～0.002 6	0.004 8
14	1,2,3,6,7,8-HxCDD	0.006 2	0.002 7～0.010 3	0.012 3	0.003 2	0.001 7～0.005 4	0.009 5
15	1,2,3,7,8,9-HxCDD	0.003 2	0.001 5～0.005 2	0.006 0	0.002 3	0.000 9～0.004 5	0.009 5
16	1,2,3,4,6,7,8-HpCDD	0.034 4	0.017 9～0.054 1	0.058 6	0.016 5	0.010 7～0.023 9	0.033 6
17	OCDD	0.052 0	0.026 5～0.086 0	0.098 7	0.024 8	0.016 6～0.034 5	0.045 1
18	∑PCDD/Fs	0.182 5	0.086 5～0.311 5	—	0.122 3	0.069 6～0.188 5	—

　　类别1状态下，除2,3,7,8-TCDF和2,3,4,7,8-PeCDF单体外的其他8种PCDFs单体的质量浓度分别为类别2状态下的0.9～1.3倍，类别1状态下7种PCDDs单体的质量浓度分别为类别2状态下的1.4～2.1倍。类别1状态下PCDDs、2,3,7,8-TCDF、2,3,4,7,8-PeCDF的质量浓度明显高于类别2状态下。

故从质量浓度来看，类别 2 具有较低的二噁英排放质量浓度。同样地，两类状态下垃圾焚烧炉排放的二噁英的成分谱（见图 4-3）存在明显差异。

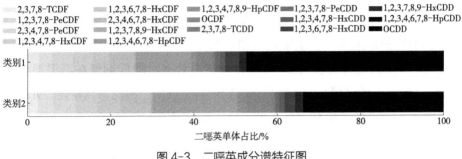

图 4-3　二噁英成分谱特征图

现有研究表明，PCDFs 和 PCDDs 的比例及二噁英的主导生成机理存在联系。当 PCDFs/PCDDs＞1 时，以从头合成反应为主；当 PCDFs/PCDDs＜1 时[31]，以前驱物合成反应为主。前驱物合成反应主要生成 PCDDs，从头合成反应主要生成 PCDFS。本研究中，焚烧炉在类别 1 状态下的 PCDFs/PCDDs 比值约为 0.8，在类别 2 状态下的 PCDFs/PCDDs 比值约为 1.5。故类别 1 状态下的二噁英主要由前驱物合成反应生成；类别 2 状态下的二噁英主要由从头合成反应生成。从两类状态下排放的各二噁英单体质量浓度来看，类别 1 的 PCDDs 明显高于类别 2。因此，焚烧炉处于不同状态时，其二噁英生成的主导机理不同，其在从头合成反应主导的状态下排放的二噁英质量浓度明显低于前驱物合成反应主导的状态下。

根据二噁英的生成机理和两类状态下二噁英的实测结果，可知造成两类状态下二噁英不同主导机理的原因主要是：类别 1 状态下炉内状态较差，前驱物焚毁效率低。前驱物在烟气降温排放过程中在飞灰的表面缩聚生成二噁英，以 PCDDs 为主；类别 2 状态下炉内状态较好，前驱物焚毁效率高。故类别 2 状态的 PCDDs 再合成的质量浓度低。

4.4.2.4　生活垃圾焚烧设施二噁英排放控制优化

焚烧炉系统在两种状态下的烟气参数频率分布见图 4-2。由图 4-2 可知，烟气流量、烟气含氧量、CO 质量浓度和烟气湿度在两类状态下的分布范围存在较大的差异。

从二噁英的生成机理来看，降低飞灰中二噁英前驱物的覆盖率和增加烟气的降温速率可减少以前驱物合成为主导机理的二噁英的生成。降低烟气中前驱物的质量浓度，主要是增加烟气在炉膛温度大于 800℃ 的炉膛反应区的停留时间和湍流度，提高前驱物的焚毁效率；降低烟气在高温换热区（500～800℃）的停留时间，降低前驱物的再生成率。因此，当焚烧炉处于类别 1 状态下，可通过提高烟气在炉膛反应区的时间和降低烟气在高温换热区的时间来降低烟气中二噁英前驱物的质量浓度。

类别 1 状态下的烟气湿度较类别 2 状态下高（$P<0.05$），温度差异小，表明类别 1 状态下烟气中水分含量更高，更容易携带细颗粒物。烟气中二噁英在气相、液相和固相分布的研究结果表明，烟气中约 54% 的二噁英吸附于液相中的细颗粒物表面。故烟气湿度也是造成类别 1 状态下二噁英质量浓度更高的原因之一，如 2,3,7,8-TCDF 和 2,3,4,7,8-PeCDF 等单体主要基于从头合成反应生成，但是在类别 1 状态下其质量浓度较类别 2 状态下高。

综上可知，为降低焚烧炉烟气中二噁英排放的质量浓度，在实际运行控制中，可通过调节风量、增加炉膛湍流度来提高前驱物的焚毁效率和增加炉膛烟气含氧量来提高炉膛燃烧效率等手段进行调控。在运行控制中，当炉内状态处于类别 1 时，以类别 2 状态各参数第 10～90 百分位数作为控制目标，即首先保证烟气流量大于 $10.5 \times 10^4 \, \mathrm{m}^3/\mathrm{h}$（均值为 $11.8 \times 10^4 \, \mathrm{m}^3/\mathrm{h}$），其次保证烟气含氧量大于 7.0%（均值为 8.6%）、CO 质量浓度低于 $9.0 \, \mathrm{mg/m}^3$（均值为 $3.5 \, \mathrm{mg/m}^3$）、烟气湿度低于 23.7%（均值为 21.3%）。由于风量的增加可能导致炉膛温度降低，故烟气温度也应作为控制指标并使其保持在 140～154℃ 之间（均值 145.7℃）。

4.5　智慧管理在环境风险管控中的潜力与优势

智慧管理在环境风险管控中具有潜力和优势。智慧管理能够实现实时监测和预警、数据驱动的决策支持、自动化和智能化控制、整合和协同管理以及预测与优化等，有助于提高环境风险管理的准确性、高效性和可持续性。

4.5.1　智慧管理在环境风险管控中的潜力

实时监测和预警：智慧管理可以通过智能算法和数据分析技术，快速识别和预警潜在的环境风险。通过实时监测和大数据分析，可以发现微弱信号、异常模式和趋势变化，提前预警可能的环境风险，使环境管理者能够及时采取措施进行干预和防范。

数据驱动的决策支持：智慧管理可以提供基于数据分析和模型预测的智能决策支持。通过综合分析环境数据、风险评估结果和管理策略，可以提供科学的和精准的决策建议。这有助于优化管理决策、制定合理的控制策略，并快速响应和解决环境风险问题。

自动化和智能化控制：智能管理可以与自动化设备和控制系统相结合，实现自动化和智能化的环境风险管控。通过实时监测、智能算法和自动化控制，可以实现设备状态的自动调节，控制策略的智能优化，有效降低环境风险。

数据驱动的管理与优化：智能管理以数据为基础，通过大数据分析和挖掘技术，可以对环境数据进行全面的、深入的分析，了解环境变化和风险趋势。基于这些数据分析结果，可以进行环境风险评估、资源优化和方案优化，提高环境风险管控的效率和成效。

智能协同与共享：智能管理可以实现环境数据和管理信息的集中管理、共享和协同。通过数据共享和信息交流，不同的环境管理部门、企业和利益相关者可以共同参与环境风险管控，形成合力，共同应对环境风险。

4.5.2　智慧管理在环境风险管控中的优势

智慧管理在环境风险管控中具有多项优势，主要包括准确性和精确性、及时响应和预警、高效率和资源优化、智能决策支持、持续改进和学习能力等。

准确性和精确性：智慧管理利用先进的数据分析技术和智能算法，能够对大量的环境数据进行深入分析和挖掘。相较传统的主观判断，这种数据驱动的分析方式能够更准确地识别和预测环境风险。通过大数据分析和模型建立，可以精确评估风险的程度、确定风险的来源和影响范围，为环境风险管控提供科学依据。

及时响应和预警：智慧管理能够实时监测环境数据并快速分析，能够及时发现潜在的环境风险信号。一旦发现风险超过预设阈值或出现异常情况，可以立即发出预警并触发相应的应急措施，有助于快速响应和减少风险对环境和人类的影响。

高效率和资源优化：智慧管理能够通过数据的智能分析和模型的优化，为环境风险管控提供高效的方案和策略。通过对数据的深入分析和模型的优化，可以帮助优化资源配置、提高管控效率，减少资源浪费和冗余，节省人力、物力和经济成本。

智能决策支持：智慧管理通过数据的智能处理和分析，可以为环境管理者提供科学的、客观的决策支持。基于多因素的数据分析和模型预测，可以向决策者提供全面的信息和策略建议，帮助决策者做出合理的、有效的决策。

学习和自适应能力：智慧管理具有学习和自适应能力。通过不断积累和分析数据，可以不断改进模型和算法，提高预测的准确性和管控的效果。持续改进和学习能力有助于不断提升环境风险管控的水平。

综上所述，智慧管理在环境风险管控中具有准确性、及时性、高效率、智能决策支持和持续改进等多重优势。智慧管理可以提高管控的效果和效率，优化资源配置，降低风险对环境和人类的影响，为可持续发展和环境保护做出积极贡献。

第 5 章

生活垃圾焚烧设施邻避问题
及防范化解策略

5.1　邻避问题分析

邻避效应指建设项目（如垃圾焚烧发电厂、核电厂等邻避设施）邻近居民或所在地单位因担心建设项目对人体健康、环境质量以及资产价值等方面带来诸多负面影响，激发出嫌恶情结，滋生出"不要建在我家后院"的心理，以及采取的强烈和坚决的、有时高度情绪化的集体反对甚至抗争行为。

邻避效应往往具有如下 5 个特点：一是邻避效应相关的建设项目普遍具有潜在的环境健康风险或容易对人民群众的情绪等方面产生一定的负面影响；二是邻避效应相关的建设项目的规划选址及建设等过程大多会涉及政府、企业和居民的多方利益博弈；三是建设项目带来的效益往往具有区域性、共享性，而其存在的风险等负面影响却是由周边居民承担；四是规避邻避效应的经济成本普遍较高，而且通常只能通过区位转移等手段来实现；五是邻避效应相关的建设项目的风险通常具有隐蔽性、长期性，若项目管理严格有效，发生意外的概率相当低，但是一旦发生意外，后果往往非常严重。

近年来，反对生活垃圾焚烧设施建设的群体性事件时有发生。企业和政府防范和化解生活垃圾焚烧发电厂邻避效应的能力还有待进一步增强。一是生活垃圾焚烧发电厂缺乏有效的风险交流。政府、企业和公众之间未建立风险交流机制，提到生活垃圾焚烧及二噁英等，公众会产生紧张和恐慌心理；公众缺乏生活垃圾焚烧发电的基础知识，且关于垃圾焚烧过程中如何产生二噁英、如何对其进行有效防治等知识缺乏宣传和教育。二是生活垃圾焚烧设施监测数据未及时对外公开。企业定期开展污染物的监测，但数据结果不能及时有效地对外公开，导致公众等对企业排放情况不知情。如何破解邻避效应，是我们必须要思考的问题。

5.2　防范化解邻避问题策略

针对生活垃圾焚烧设施邻避问题，政府部门需要进一步加强邻避问题防范化解工作，构建务实有效的风险防范化解体系。一是扎实做好科普宣传工作。建议构建生活垃圾焚烧设施社群监管委员会，推动公众参与监督管理，通过官方媒体宣传、企业小视频、社区科普、科研机构互动、垃圾焚烧设施公众开放日等线上和线下相结合的多种传播手段，把科普宣传贯穿于项目全过程，提高公众对生活垃圾焚烧过程中的污染防治措施的直观理解，降低邻避效应。二是进一步保障信息公开透明、交流渠道畅通。建议逐步开放生活垃圾焚烧设施排污许可证平台手工监测数据接口，让专业的二次开发人员参与，进一步提高公众对生活垃圾焚烧过程中的专业知识的理解。及时公开污染物排放、监测数据等信息，进一步健全公众与企业的交流沟通渠道，引导公众正确看待项目建设，及时联合专家、第三方技术单位等就公众关心的问题答疑解惑，争取公众认同支持。三是完善生态补偿机制研究，进行全面的、系统的生态环境评估，包括生物多样性、水资源、土壤质量等指标，建立补偿内容和补偿程度体系，为化解邻避效应提供保障。

5.3 防范化解邻避问题案例分析

5.3.1 项目背景

某生活垃圾焚烧发电项目位于珠江三角洲经济发达地区，项目所在地毗邻入海口，周边有村庄、企业、水产养殖基地等敏感点。基于对周边环境质量的影响的担忧，项目前期受到了较大的阻力，初步调查结果显示当地居民中持反对意见的较多。

5.3.2 解决方案

在项目前期，建设单位与当地政府部门紧密协作，成立项目工作组，积极推进前期工作，与周边居民积极沟通，定期或不定期召开沟通协调会，坚持舆论先行，利用媒体宣传、企业小视频、社区科普等平台进行生活垃圾焚烧发电设施的宣传和教育，普及垃圾焚烧的环保知识。同时，建设单位多次组织当地居民、企业员工等多批多人次参观考察国内同类项目，并邀请行业专家、第三方技术单位与公众面对面答疑解惑，提高公众的参与度，为项目后期建设打下良好基础。后期调查结果显示，项目周边单位及居民对建设项目无反对意见，项目推进过程中亦未发生一起群体性事件。

在项目建设阶段，项目外观采用去工业化设计，建筑主体采用多种环保材料，在保持建筑整体协调的基础上，体现节能环保、绿色低碳的理念。

在项目运营阶段，建设单位强化信息沟通，严格落实生活垃圾焚烧设施"装、树、联"模式，安装污染源自动监控设备，实时监控排放信息；在厂区大门口树立显示屏，及时公开污染物排放、监测数据等信息；自动监控系统与生态环境部门联网，便于生态环境部门执法监督；通过公众开放日等形式，让更多人走进生活垃圾焚烧发电厂、了解项目运营情况，而且在参观和互动的过程中，保障公众的知情权、参与权和监督权，从而消除公众对生活垃圾焚烧发电厂的疑惑和偏见。

同时，建设单位积极建立社区补偿机制，通过志愿者组织在周边村庄开展活动，为周边村庄修缮道路、祠堂、候车亭等，同时开放厂内公共体育设施、与居民共享，并为当地居民提供就业机会，促进当地居民收入的增加。

本案例仅为生活垃圾焚烧发电企业化解邻避效应的一个缩影，相关单位可根据项目实际情况制定切实可行的防范化解邻避问题的工作方案，进一步推动实现从"邻避"到"邻利"。

第 6 章

存在问题与展望

6.1　存在问题

6.1.1　生活垃圾焚烧发电厂统筹布局有待完善

作为我国"无废城市"的重要实践形式，近年来垃圾焚烧发电行业发展迅速，为实现原生垃圾"零填埋"做出重大贡献。生活垃圾焚烧设施处理量增大的同时，其处置能力也存在富余的情况，各地富余处置能力也存在差异。根据相关统计数据，截至 2022 年，我国共有十余个省和直辖市存在处置能力富余现象，其中浙江、广东和江苏是富余能力较多的地区，即便将所有清运的生活垃圾全部送至焚烧处置仍分别富余约 25 000 t/d、23 000 t/d、9 000 t/d，其他地区的富余能力在 2 000～8 000 t/d。粤港澳大湾区的广州市、佛山市和中山市富余处置能力均较大，分别约为 8 000 t/d、6 700 t/d 和 5 500 t/d。

一方面，部分中小城市由于生活垃圾处置出路不顺畅，导致生活垃圾随意倾倒和处置事件时有发生，造成生态环境损害。另一方面，生活垃圾焚烧设施建设增长迅猛，叠加垃圾分类成效日益显著，导致生活垃圾焚烧处置能力闲置、造成资源浪费。

6.1.2　生活垃圾焚烧基础科学研究薄弱

一是对焚烧过程中稳定达标的评价方法研究不足。由于二噁英、炉渣热灼减率等污染指标和生活垃圾焚烧设施工况关系密切且无法通过在线设施开展监测，因此有必要对焚烧过程中的焚烧工况进行适当管理，以确保生活垃圾焚烧设施在焚烧过程中长期稳定达标排放。目前，尚缺乏科学精准的方法开展相应的评价。二是针对焚烧过程产生的新污染物研究不足。在复杂的焚烧炉状态下，垃圾焚烧容易造成新污染物的焚毁和再生成，最后导致新污染物随烟气排放。随着高分辨率质谱筛查技术的发展，烷基化多环芳烃、杂原子多环芳烃等新污染物陆续在垃圾焚烧系统中被发现。毒性预测结果表明，新发现的污染物毒性比传统二噁英中的 2,3,7,8-TCDD 毒性更高，其潜在环境风险亟需关注。目前，生活垃圾焚烧设施焚烧过程中新污染物的研究工作相对薄弱，缺乏科学有效的识别与评估方法体系。

6.1.3　生活垃圾焚烧设施环境风险评估和智慧管理方面存在问题

一是基础数据收集与处理方式有待完善。生活垃圾焚烧设施涉及不同的系统和设备，智慧管理需要大量数据的收集和处理。同时，基础数据的缺失容易导致环境风险评估存在不准确、不及时等缺陷。二是数据安全问题有待加强。智慧管理涉及数据的传输和存储，并与设备进行联动控制。如果安全防护不够，就可能存在数据泄露、设备被攻击或被控制等安全隐患。三是智慧管理人员技术水平仍需进一步提升。智慧管理需要相关人员具备一定的技术和操作能力，而在一些地区，由于培训资源有限，人员对新技术的接受度可能不高，这也给智慧管理的实施带来困难。

6.2　展望与建议

6.2.1　科学合理统筹生活垃圾焚烧发电厂的建设规划

建议科学合理制定区域生活垃圾焚烧发电厂项目发展规划。依托《"无废城市"建设试点工作方案》、区域产业结构发展规划等，结合当地现有生活垃圾焚烧设施富余处置能力情况及生活垃圾产生量等，合理布局生活垃圾焚烧设施建设项目，持续推进固体废物源头减量和资源化利用，践行减污降碳责任，推动"无废城市"建设。

6.2.2　加强生活垃圾焚烧发电厂的基础研究和风险管控

一是进一步加强生活垃圾焚烧设施技术研究工作，从焚烧炉工况方面开展焚烧炉稳定性评估技术方法和在线监管方法研究。二是开展生活垃圾焚烧设施污染物协同控制研究工作，加强对重金属及其他有害元素（氟、硫）、新污染物等的赋存状态、迁移规律的科学研究，建立污染物识别与评估技术方法体系，为更好地提升生活垃圾焚烧设施监管水平提供科技支撑。

6.2.3　进一步完善生活垃圾焚烧厂环境风险评估和智慧管理

一是强化数据采集与分析能力，引入先进的传感器技术，实现对生活垃圾焚烧过程中的关键数据（包括温度、压力、气体排放等）进行实时采集和监测。二是建议利用大数据分析和人工智能算法对数据进行智能处理，快速识别问题并优化运行，将自动化技术和远程监控系统应用于生活垃圾焚烧设施，实现对设备状态的实时监测和故障诊断，通过自动化控制系统，减少人为干预，提高运行的稳定性和可靠性。

6.2.4　进一步强化生活垃圾焚烧发电厂掺烧工业固体废物的技术指导与环境风险管控

为稳步推进"无废城市"建设，部分省份的生活垃圾焚烧发电厂陆续开展工业固体废物掺烧。

一是建议优化生活垃圾焚烧发电厂掺烧工业固体废物的环境管理体系。建议除采用告知承诺制或环境影响评价报告表的形式外，也可由企业根据自身实际情况开展掺烧经济性、技术可行性论证，调动企业参与工业固体废物处置的积极性。探索掺烧项目与排污许可证在管理内容和办理流程上的衔接，通过排污许可证申报，进一步优化生活垃圾焚烧发电厂掺烧工业固体废物的行政审批，推动监管效能的提升。针对非法转移倾倒、处置利用等环境行为涉及的工业固体废物制定管理清单，对列入白名单的工业固体废物设立掺烧应急处置通道。充分利用生活垃圾焚烧发电厂富余处置能力，拓展工业固体废物的处置途径，减少环境违法行为造成的生态环境损害，进一步助力"无废城市"建设。

二是进一步加强生活垃圾焚烧发电厂掺烧工业固体废物的环境风险管控。开展生活垃圾焚烧发电厂掺烧工业固体废物指导名录等管理政策研究工作，明确生活垃圾焚烧发电厂可掺烧的工业固体废物种类和拒收种类。从掺烧设施技术要求、工业固体废物特性、掺烧运行操作技术要求、掺烧比例、清单外工业固体废物处置技术要求以及污染物排放控制限值等多方面制定生活垃圾焚烧发电厂掺烧工业固体废物环境保护技术规范，开展生活垃圾焚烧发电厂掺烧工业固体废物污染物排放技术规范及排放标准制修订。通过加强对掺烧工业固体废物的环境风险管控，明确进行掺烧的工业固体废物种类、掺烧比等关键技术指标，进一步规范和指导生活垃圾焚烧发电厂掺烧工业固体废物的工作，为管理部门提供相应的监管依据。

三是开展生活垃圾焚烧发电厂掺烧工业固体废物过程中污染物协同控制研究工作，加强对掺烧过程中掺烧比和工业固体废物种类、重金属及其他有害元素（氟、硫）、新污染物等的赋存状态、迁移规律的科学研究，建立污染物识别与评估技术方法体系，鼓励相关科研单位及院校积极研发新技术，开展提高掺烧工业固体废物量的生活垃圾焚烧炉高效利用技术研发，深入开展污染物过程和末端控制技术研究，为更好地提升生活垃圾焚烧发电厂掺烧工业固体废物监管水平及制修订相关标准规范提供科技支撑。

参考文献

［1］环境保护部.中国人群暴露参数手册 [M].北京：中国环境出版社，2013.

［2］TONG R, CHENG M, MA X, et al.Quantitative health risk assessment of inhalation exposure to automobile foundry dust[J]. Environmental Geochemistry and Health, 2019, 41 (5): 2179-2193.

［3］YANG K, LI L, WANG Y, et al. Airborne bacteria in a wastewater treatment plant: Emission characterization, source analysis and health risk assessment[J]. Water Research, 2019, 149: 596-606.

［4］蒋颖，司马菁珂，赵玲，等.上海市居民区与工业区大气颗粒物重金属生物可给性与健康风险评估 [J].环境化学，2016，35(7): 1337-1345.

［5］刘晓一，潘赟，刘强，等.生活垃圾焚烧烟气 Hg 浓度空间分布及健康风险评估 [J].环境工程，2016，34(7): 149-154.

［6］刘军，赵金平，杨立辉，等.南方典型生活垃圾焚烧设施环境呼吸暴露风险评估 [J].生态环境学报，2016，25(3): 440-446.

［7］U.S. Environmental Protection Agency. Integrated Risk Information System [EB/OL]. [2019-05-04]. http://www.epa.gov/iris.

［8］张霖琳，薛荔栋，吕怡兵，等.APEC 会期 5 个城市空气细颗粒物中重金属健康风险评估 [J].环境化学，2015，34(6): 1218-1220.

［9］JEHAN S, KHATTAK S A, MUHAMMAD S, et al. Ecological and health risk assessment of heavy metals in the Hattar industrial estate, Pakistan[J]. Toxin Reviews, 2020, 39(1): 68-77.

［10］孟菁华，刘辉，史学峰，等.垃圾焚烧设施居民暴露吸入性健康风险评价研究 [J].环境工程，2018，36(1): 128-133.

［11］王俊坚，赵宏伟，钟秀萍，等.垃圾焚烧厂周边土壤重金属浓度水平及空间分布 [J].环境科学，2011，32(1): 298-304.

［12］HAKANSON L.An ecological risk index for aquatic pollution control.A sedimentological approach[J]. Water Research, 1980, 14(8): 975-1001.

［13］郭彦海，孙许超，张士兵，等．上海某生活垃圾焚烧厂周边土壤重金属污染特征、来源分析及潜在生态风险评价 [J]. 环境科学，2017，38(12): 5262-5271.

［14］赵曦，喻本德，张军波．城市生活垃圾焚烧重金属迁移、分布和形态转化研究 [J]. 环境科学导刊，2015，(3): 49-55.

［15］广东省环境监测中心站．广东省土壤环境背景值调查研究 [R]. 1990.

［16］赵曦，黄艺，李娟，等．大型垃圾焚烧厂周边土壤重金属含量水平、空间分布、来源及潜在生态风险评价 [J]. 生态环境学报，2015，24(6): 1013-1021.

［17］吕占禄，张金良，陆少游，等．某区生活垃圾焚烧发电厂周边及厂区内土壤中重金属元素的污染特征及评价 [J]. 环境科学，2019，40(5): 2483-2492.

［18］赵曦，于岑，陆克定，等．固体废物焚烧厂周边土壤和植物叶片中重金属含量水平与来源分析 [J]. 环境工程，2018，36(11): 141-146.

［19］台凌宇．垃圾焚烧厂周围土壤重金属污染源解析及人体健康风险评价 [D]. 天津：天津大学，2018.

［20］HAN Y, XIE H, LIU W, et al. Assessment of pollution of potentially harmful elements in soils surrounding a municipal solid waste incinerator, China[J]. Frontiers of Environmental Science & Engineering, 2016, 10(6): 7.

［21］MORSELLI L, PASSARINI F, BARTOLI M. The environmental fate of heavy metals arising from a MSW incineration plant[J]. Waste Management, 2002, 22(8): 875-881.

［22］RIMMER D L, VIZARD C G, PLESS-MULLOLI T, et al.Metal contamination of urban soils in the vicinity of a municipal waste incinerator: one source among many[J]. Science of the Total Environment, 2006, 356(1-3): 207-216.

［23］US Environmental Protection Agency. Guidance for Superfund Volume I: Human Heatlh Evaluation Manual (Part F, Supplemental Guidance for Inhalation Risk Assessment) [EB/OL]. (2015-09-05) [2020-2-28]. https://www.epa.gov/sites/production/files/2015-09/documents/partf_200901_final.pdf.

［24］VILAVERT L, NADAL M, SCHUHMACHER M, et al. Seasonal surveillance of airborne PCDD/Fs, PCBs and PCNs using passive samplers to assess human health risks[J]. Science of the Total Environment, 2014, 466: 733-740.

［25］赵春兰，殷慧敏，王兵，等 . 基于结构方程与蒙特卡洛方法的钻井现场作业风险评价 [J]. 天然气工业，2019，39(2): 84-93.

［26］LI J F, DONG H, SUN J, et al. Composition profiles and health risk of PCDD/ F in outdoor air and fly ash from municipal solid waste incineration and adjacent villages in East China[J]. Science of the Total Environment, 2016, 571: 876-882.

［27］LI J F, ZHANG Y, SUN T T, et al. The health risk levels of different age groups of residents living in the vicinity of municipal solid waste incinerator posed by PCDD/Fs in atmosphere and soil[J]. Science of the Total Environment, 2018, 631: 81-91.

［28］LI J F, DONG H, XU X, et al. Prediction of the bioaccumulation of PAHs in surface sediments of Bohai Sea, China and quantitative assessment of the related toxicity and health risk to humans[J]. Marine Pollution Bulletin, 2016, 104: 92-100.

［29］WU B, ZHANG Y, ZHANG X X, et al. Health risk assessment of polycyclic aromatic hydrocarbons in the source water and drinking water of China: quantitative analysis based on published monitoring data[J]. Science of the Total Environment, 2011, 410: 112-118.

［30］DOMINGO J L, ROVIRA J, NADAL M, et al. High cancer risks by exposure to PCDD/Fs in the neighborhood of an integrated waste management facility[J]. Science of the Total Environment, 2017, 607: 63-68.

［31］付建平，青宪，冯桂贤，等 . 基于污泥掺烧的某生活垃圾焚烧厂烟道气、飞灰及炉渣中的二噁英特征 [J]. 环境科学学报，2017，37(12): 4677-4684.